Realschule Bayern

Alois Einhauser
Christian Hörter

# Formelsammlung
## Mathematik
## Physik
## Chemie

**Cornelsen**

# INHALT

## Mathematik

**A**   **ALGEBRA 6** Mengen 6; Grundrechenarten 7; Auswahl von Rechengesetzen in $\mathbb{R}$ 7; Rechnen mit positiven und negativen Zahlen 7; Rechnen mit Brüchen 8; Runden 9; Stellenwerte im Dezimalsystem 9; Teilbarkeit 10; Rechenregeln 10; Potenzen 11; Wurzeln 12; Logarithmus 13; Lineares Gleichungssystem 14; Quadratische Gleichungen 15

**B**   **FUNKTIONEN 16** Relationen und Funktionen 16; Direkte Proportionalität (Prozentrechnung) 17; Zinsrechnung 18; Indirekte Proportionalität 19; Lineare Funktionen 20; Parallelenschar 22; Geradenbüschel 22; Quadratische Funktionen 22; Potenzfunktionen 24; Exponentialfunktionen 27; Logarithmusfunktionen 27; Trigonometrische Funktionen 28

**C**   **TRIGONOMETRIE 31** Sinus, Kosinus, Tangens 31; sin, cos, tan im rechtwinkligen Dreieck 35; Sätze im allgemeinen Dreieck 35

**D**   **GEOMETRIE 36** Mittelpunkt einer Strecke 36; Winkel an sich schneidenden Geraden 36; Winkel an Parallelen 37; Ortslinien 37; Dreiecke 40; Flächeninhalt von Dreiecken 41; Umkreis, Inkreis, Schwerpunkt eines Dreiecks 42; Kongruenz und Ähnlichkeit von Dreiecken 43; Vierstreckensatz 44; Besondere Dreiecke 45; Sätze am rechtwinkligen Dreieck 46; Vierecke 47; Kreis 51; Kreisteile 51; Satz von Cavalieri 51; Lagebeziehungen im Raum 52; Prisma 53; Gerades Prisma (Quader, Würfel) 53; Pyramide 54; Gerader Kreiszylinder 55; Gerader Kreiskegel 56; Kugel 56

**E**   **VEKTOREN 57**

**F**   **ABBILDUNGEN 61** Achsenspiegelung 61; Drehung 62; Punktspiegelung 63; Parallelverschiebung 64; Zentrische Streckung 65; Orthogonale Affinität 66

**G**   **DATEN UND ZUFALL 67** Grundbegriffe der Stochastik 67; Statistische Kenngrößen 69; Mehrstufige Zufallsversuche 70; Kombinatorik 70

**STICHWORTVERZEICHNIS MATHEMATIK 106**

# INHALT

## Physik

**PHYSIKALISCHE GRÖSSEN 71** Vielfache und Teile von Einheiten 71; Grundgrößen, Basiseinheiten 71; Abgeleitete Größen und Einheiten 72

**AUSWAHL PHYSIKALISCHER GESETZMÄSSIGKEITEN 76** Optik 76; Kräfte 78; Bewegungen 80; Flüssigkeiten und Gase 81; Wärmelehre 82; Elektrizität 84; Energie 86

**TABELLEN 88** Eigenschaften verschiedener Stoffe 88; Energieeinheiten und Energieträger 93; Schaltzeichen aus der Elektrizitätslehre 94

## Chemie

**MODELLE VOM AUFBAU DER KÖRPER 96** Zerfallsreihen 98; Halbwertszeiten und Zerfallsart radioaktiver Elemente 99; Chemische Elemente 100; Periodensystem der Elemente 104

**STICHWORTVERZEICHNIS PHYSIK/CHEMIE 110**

# Auswahl mathematischer Zeichen und Abkürzungen

| | | | |
|---|---|---|---|
| = | gleich | ≠ | ungleich |
| ≈ | ungefähr gleich | ≙ | entspricht |
| ≅ | kongruent | ~ | ähnlich bzw. direkt proportional |
| > | größer | ≧ | größer oder auch gleich |
| < | kleiner | ≦ | kleiner oder auch gleich |
| ∧ | und zugleich | ∨ | oder auch |
| ∩ | geschnitten mit | ∪ | vereinigt mit |
| ⇒ | wenn …, dann … | ⇔ | äquivalent; … genau dann …, wenn |

$|a|$  absoluter Betrag von $a$  $\qquad |a| = \begin{cases} a & \text{für } a \geq 0 \\ -a & \text{für } a < 0 \end{cases}$

$\begin{vmatrix} a & b \\ c & d \end{vmatrix}$  (zweireihige) Determinante  $\qquad \begin{vmatrix} a & b \\ c & d \end{vmatrix} = a \cdot d - c \cdot b$

$\begin{pmatrix} a & b \\ c & d \end{pmatrix}$  (zweispaltige) Matrix

| | | | |
|---|---|---|---|
| $\mathbb{G}$ | Grundmenge | $\mathbb{L}$ | Lösungsmenge |
| $\mathbb{D}$ | Definitionsmenge | $\mathbb{W}$ | Wertemenge |
| ∈ | ist Element von | ∉ | ist nicht Element von |
| ⊆ | ist Teilmenge von | ⊂ | ist echte Teilmenge von |

$[z_1; z_2]$    abgeschlossenes Intervall als Teilmenge von $\mathbb{G}$: $\{x \mid z_1 \leq x \leq z_2\}$
$[z_1; z_2[$    halboffenes Intervall als Teilmenge von $\mathbb{G}$: $\{x \mid z_1 \leq x < z_2\}$
$]z_1; z_2]$    halboffenes Intervall als Teilmenge von $\mathbb{G}$: $\{x \mid z_1 < x \leq z_2\}$
$]z_1; z_2[$    offenes Intervall als Teilmenge von $\mathbb{G}$: $\{x \mid z_1 < x < z_2\}$
∅       leere Menge

$\mathbb{N}$   Menge der natürlichen Zahlen
$\mathbb{N}_0$  Menge der natürlichen Zahlen einschließlich der Null
$\mathbb{Z}$   Menge der ganzen Zahlen

$\mathbb{Q}$   Menge der rationalen Zahlen

# MATHEMATISCHE ZEICHEN

| | |
|---|---|
| $\mathbb{R}$ | Menge der reellen Zahlen |
| $\mathbb{R}^+$ | Menge der positiven reellen Zahlen |
| $\mathbb{R}_0^+$ | Menge der positiven reellen Zahlen einschließlich der Null |
| $\mathbb{R}^-$ | Menge der negativen reellen Zahlen |
| $\parallel$ | parallel zu |
| $\perp$ | senkrecht zu |
| $AB$ | Gerade durch die Punkte $A$ und $B$ |
| $[AB$ | Halbgerade mit dem Anfangspunkt $A$ durch den Punkt $B$ |
| $[AB]$ | abgeschlossene Strecke als Punktmenge mit den Endpunkten $A$ und $B$ |
| $\overline{AB}$ | Länge der Strecke $[AB]$ |
| $[AB[$ | halboffene Strecke als Punktmenge mit dem Endpunkt $A$ und ohne den Endpunkt $B$ |
| $]AB[$ | offene Strecke als Punktmenge ohne die Endpunkte $A$ und $B$ |
| $\overset{\frown}{AB}$ | Kreisbogen von $A$ nach $B$ in positiver Orientierung (entgegen dem Uhrzeigersinn) |
| $\triangle ABC$ | Dreieck $ABC$ |
| $\sphericalangle ASB$ | Winkel $ASB$ bzw. Maß des Winkels $ASB$ ($S$: Scheitel; $[SA$: erster Schenkel; $[SB$: zweiter Schenkel) |
| $d(P; g)$ | Abstand des Punktes P von der Geraden $g$ |
| $m_{[AB]}$ | Mittelsenkrechte zur Strecke $[AB]$ |
| $w_{\sphericalangle ASB}$ | Winkelhalbierende des Winkels $ASB$ |
| $h_c$ | Höhe im Dreieck zur Seite $c$ |
| $s_c$ | Seitenhalbierende im Dreieck zur Seite $c$ |
| $A(x)$ | Fläche (Inhalt) in Abhängigkeit von $x$ |
| $O$ | Oberfläche (Inhalt) |
| $V(x)$ | Volumen (Inhalt) in Abhängigkeit von $x$ |

## Griechische Buchstaben

| $\alpha$ | $\beta$ | $\gamma$ | $\delta$ | $\varepsilon$ | $\zeta$ | $\eta$ | $\vartheta$ | $\iota$ | $\varkappa$ | $\lambda$ | $\mu$ |
|---|---|---|---|---|---|---|---|---|---|---|---|
| Alpha | Beta | Gamma | Delta | Epsilon | Zeta | Eta | Theta | Jota | Kappa | Lambda | My |

| $\nu$ | $\xi$ | $o$ | $\pi$ | $\varrho$ | $\sigma$ | $\tau$ | $\upsilon$ | $\varphi$ | $\chi$ | $\psi$ | $\omega$ |
|---|---|---|---|---|---|---|---|---|---|---|---|
| Ny | Xi | Omikron | Pi | Rho | Sigma | Tau | Ypsilon | Phi | Chi | Psi | Omega |

# ALGEBRA
## Mengen

| Bezeichnung | Beispiele für Punktmengen |
|---|---|
| Schnittmenge<br>$M_1 \cap M_2$<br>„$M_1$ geschnitten mit $M_2$"<br>(Menge aller Elemente die in $M_1$ und zugleich in $M_2$ enthalten sind.) | $M_1 \cap M_2$ |
| Vereinigungsmenge<br>$M_1 \cup M_2$<br>„$M_1$ vereinigt mit $M_2$"<br>(Menge aller Elemente, die in $M_1$ oder auch $M_2$ enthalten sind.) | $M_1 \cup M_2$ |
| Differenzmenge<br>$M_1 \setminus M_2$<br>„$M_1$ ohne $M_2$"<br>(Menge aller Elemente, die in $M_1$ und zugleich nicht in $M_2$ enthalten sind.) | <br>$[AD] \setminus [BC] = [AB[ \cup ]CD]$ |
| Produktmenge<br>$M_1 \times M_2$<br>„$M_1$ kreuz $M_2$"<br>(Menge aller geordneten Paare $(x\|y)$ mit $x \in M_1$ und $y \in M_2$.) | 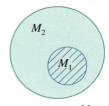 |
| Teilmenge<br>$M_1 \subseteq M_2$<br>„$M_1$ ist Teilmenge von $M_2$"<br>($M_1 \subseteq M_2$, wenn jedes Element aus $M_1$ auch in $M_2$ enthalten ist.)<br>$M_1 \subseteq M_2 \wedge M_1 \neq M_2$<br>$\Leftrightarrow M_1 \subset M_2$<br>„$M_1$ ist echte Teilmenge von $M_2$". | $M_1 \subseteq M_2$ |

# ALGEBRA

## Grundrechenarten

| Addition | $a + b$ | (Summe) | $a$ Summand | $b$ Summand |
| Subtraktion | $a - b$ | (Differenz) | $a$ Minuend | $b$ Subtrahend |
| Multiplikation | $a \cdot b$ | (Produkt) | $a$ Faktor | $b$ Faktor |
| Division | $\frac{a}{b}$ | (Quotient) | $a$ Dividend | $(b \neq 0)$ Divisor (Division durch 0 ist nicht definiert!) |

## Auswahl von Rechengesetzen in $\mathbb{R}$

|  | Addition | Multiplikation |
| --- | --- | --- |
| Kommutativgesetz | $a + b = b + a$ | $a \cdot b = b \cdot a$ |
| Assoziativgesetz | $(a + b) + c = a + (b + c)$ | $(a \cdot b) \cdot c = a \cdot (b \cdot c)$ |
| Distributivgesetz | \multicolumn{2}{c}{$(a + b) \cdot c = a \cdot c + b \cdot c$} |

## Rechnen mit positiven und negativen Zahlen

**Addition** (Spitze-Fuß-Koppelung der Zahlenpfeile)

gleiches Vorzeichen:
1) Das Ergebnis hat das gemeinsame Vorzeichen.
2) Die Beträge der Zahlen werden addiert.

verschiedene Vorzeichen:
1) Das Ergebnis hat das Vorzeichen der Zahl mit dem größeren Betrag.
2) Vom größeren Betrag wird der kleinere Betrag subtrahiert.

**Subtraktion**

Statt eine Zahl zu subtrahieren wird ihre Gegenzahl addiert.

# ALGEBRA

**Multiplikation** ($a, b \geqq 0$)

$(+a) \cdot (+b) = +(a \cdot b)$

$(-a) \cdot (-b) = +(a \cdot b)$

$(-a) \cdot (+b) = -(a \cdot b)$

$(+a) \cdot (-b) = -(a \cdot b)$

**Division** ($a \geqq 0, b > 0$)

$(+a) : (+b) = +(a : b)$

$(-a) : (-b) = +(a : b)$

$(-a) : (+b) = -(a : b)$

$(+a) : (-b) = -(a : b)$

## Rechnen mit Brüchen

(Für $a, b, c, d \in \mathbb{Z}$ gilt:)

$\frac{a}{b}$  ($b \neq 0$) $\qquad\qquad\qquad$ $a$ heißt Zähler, $b$ heißt Nenner.

$\frac{a}{a} = 1$  ($a \neq 0$)

$\frac{a}{1} = a$

### Kehrwert

$\frac{b}{a}$ ist der Kehrwert von $\frac{a}{b}$  ($a, b \neq 0$)

### Erweitern

$\frac{a}{b} = \frac{a \cdot c}{b \cdot c}$  ($b, c \neq 0$)

### Kürzen

$\frac{a \cdot \cancel{c}}{b \cdot \cancel{c}} = \frac{a}{b}$  ($b, c \neq 0$)

### Addition

Die beiden Brüche müssen auf einen gemeinsamen Nenner gebracht werden.

$\frac{a}{c} + \frac{b}{c} = \frac{a+b}{c}$  ($c \neq 0$)

### Subtraktion

Die beiden Brüche müssen auf einen gemeinsamen Nenner gebracht werden.

$\frac{a}{c} - \frac{b}{c} = \frac{a-b}{c}$  ($c \neq 0$)

### Multiplikation

$\frac{a}{b} \cdot \frac{c}{d} = \frac{a \cdot c}{b \cdot d}$  ($b, d \neq 0$)

### Division

$\frac{a}{b} : \frac{c}{d} = \frac{a}{b} \cdot \frac{d}{c}$  ($b, c, d \neq 0$)

(Multiplikation mit dem Kehrwert)

# ALGEBRA

## Runden

Die Ziffer rechts von der Stelle, auf die gerundet werden soll, entscheidet, wie zu runden ist.

Ist diese Ziffer **0, 1, 2, 3, 4** wird abgerundet.   z.B. ▶ $3{,}27\mathbf{4}9 \approx 3{,}27$
Ist diese Ziffer **5, 6, 7, 8, 9** wird aufgerundet.   z.B. ▶ $3{,}27\mathbf{5}1 \approx 3{,}28$

| Auf zwei Stellen nach dem Komma **runden**. | Berechnung auf zwei Stellen nach dem Komma **gerundet**. |
|---|---|
| Auch Zwischenergebnisse runden. | Bis zum Endergebnis mit exakten Werten rechnen; das Endergebnis wird auf zwei Stellen gerundet. |

## Stellenwerte im Dezimalsystem

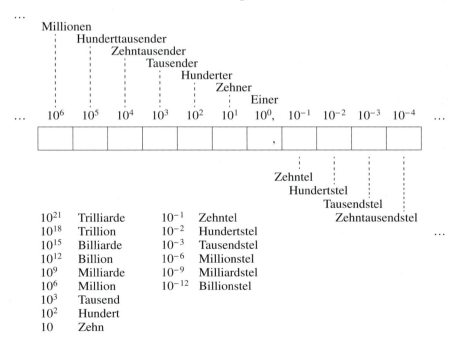

| $10^{21}$ | Trilliarde | $10^{-1}$ | Zehntel |
| $10^{18}$ | Trillion | $10^{-2}$ | Hundertstel |
| $10^{15}$ | Billiarde | $10^{-3}$ | Tausendstel |
| $10^{12}$ | Billion | $10^{-6}$ | Millionstel |
| $10^{9}$ | Milliarde | $10^{-9}$ | Milliardstel |
| $10^{6}$ | Million | $10^{-12}$ | Billionstel |
| $10^{3}$ | Tausend | | |
| $10^{2}$ | Hundert | | |
| $10$ | Zehn | | |

**MATHEMATIK**

# ALGEBRA

## Teilbarkeit

| Teilbarkeit durch | |
|---|---|
| 2 | Die Zahl ist gerade. |
| 3 | Die Quersumme der Zahl ist durch 3 teilbar. |
| 4 | Die letzten beiden Stellen der Zahl bilden eine durch 4 teilbare Zahl. |
| 5 | Die Einerstelle der Zahl ist 0 oder 5. |
| 6 | Die Zahl ist gerade und durch 3 teilbar. |
| 8 | Die letzten drei Stellen der Zahl bilden eine durch 8 teilbare Zahl. |
| 9 | Die Quersumme der Zahl ist durch 9 teilbar. |
| 10 | Die Einerstelle der Zahl ist 0. |

**ggT** $(a; b)$   $a, b \in \mathbb{N}$
größter gemeinsamer Teiler

**kgV** $(a; b)$   $a, b \in \mathbb{N}$
kleinstes gemeinsames Vielfaches

$$\text{ggT}(a; b) = \frac{a \cdot b}{\text{kgV}(a; b)}$$

$$\text{kgV}(a; b) = \frac{a \cdot b}{\text{ggT}(a; b)}$$

## Rechenregeln

**Auflösen von Klammern**

$a + (b + c - d + e) = a + b + c - d + e$

$a - (b + c - d + e) = a - b - c + d - e$

**Ausmultiplizieren**

$a \cdot (b + c + d) = a \cdot b + a \cdot c + a \cdot d$

**Ausklammern**

$a \cdot b + a \cdot c + a \cdot d + a = a \cdot (b + c + d + 1)$

# ALGEBRA

## Multiplikation von Summen

$(a + b) \cdot (c + d) = a \cdot c + a \cdot d + b \cdot c + b \cdot d$

$(a + b) \cdot (c + d + e) = a \cdot c + a \cdot d + a \cdot e + b \cdot c + b \cdot d + b \cdot e$

## Binomische Formeln

$(a + b)^2 = a^2 + 2ab + b^2$     $(a - b)^2 = a^2 - 2ab + b^2$     $(a + b) \cdot (a - b) = a^2 - b^2$

## Potenzen

▶ Potenzfunktionen S. 24–26

$a^n$: Potenz ($a$ hoch $n$)     $a$: Basis     $n$: Exponent

### Definitionen

$a^n = \underbrace{a \cdot a \cdot a \cdot \ldots a \cdot a}_{n \text{ Faktoren}}$     ($a \in \mathbb{R}; n \in \mathbb{N} \setminus \{1\}$)

$a^1 = a$     ($a \in \mathbb{R}$)

$a^0 = 1$     ($a \in \mathbb{R} \setminus \{0\}$)

$a^{-n} = \dfrac{1}{a^n}$     ($a \in \mathbb{R} \setminus \{0\}; n \in \mathbb{N}$)

$a^{\frac{1}{n}} = \sqrt[n]{a}$     ($a \in \mathbb{R}_0^+; n \in \mathbb{N}$)

$a^{\frac{m}{n}} = \sqrt[n]{a^m}$     ($a \in \mathbb{R}_0^+; m \in \mathbb{N}; n \in \mathbb{N}$)

Anmerkung: Für einen irrationalen Exponenten $k$ lässt sich ein beliebig genauer Näherungswert $\dfrac{m}{n}$ finden und somit ein beliebig genauer Näherungswert für $a^k$.

# ALGEBRA

## A

**Rechnen mit Potenzen**

Für $a, b \in \mathbb{R} \setminus \{0\}; n, m \in \mathbb{Z}$ (bzw. $a, b \in \mathbb{R}^+; n, m \in \mathbb{R}$) gilt:

gleiche Basis:     ① $a^n \cdot a^m = a^{n+m}$     ② $\dfrac{a^n}{a^m} = a^{n-m}$

gleicher Exponent:     ③ $a^n \cdot b^n = (a \cdot b)^n$     ④ $\dfrac{a^n}{b^n} = \left(\dfrac{a}{b}\right)^n$

Potenzieren:     ⑤ $(a^n)^m = a^{n \cdot m}$

## Wurzeln

▶ Potenzen S. 11

$\sqrt[n]{a}$: $n$-te Wurzel aus $a$      $a$: Radikand    $n$: Wurzelexponent

**Definitionen**

$\sqrt[n]{a}$ ist die nichtnegative Lösung der
Gleichung $x^n = a$    ($\mathbb{G} = \mathbb{R}; a \in \mathbb{R}_0^+; n \in \mathbb{N}$)

**Sonderfall:** Quadratwurzel ($n = 2$)

$\sqrt{a}$ ist die nichtnegative Lösung der
Gleichung $x^2 = a$    ($\mathbb{G} = \mathbb{R}; a \in \mathbb{R}_0^+$)

Es gilt also:
$\sqrt{(-a)^2} = \sqrt{a^2} = a$    ($a \in \mathbb{R}_0^+$)

**Rechnen mit Wurzeln**

Für $a, b \in \mathbb{R}_0^+; m, n \in \mathbb{N}$ gilt:

Potenzieren:     ① $\left(\sqrt[n]{a}\right)^m = \sqrt[n]{a^m}$

Radizieren:     ② $\sqrt[m]{\sqrt[n]{a}} = \sqrt[m \cdot n]{a}$

Multiplizieren:     ③ $\sqrt[n]{a} \cdot \sqrt[n]{b} = \sqrt[n]{a \cdot b}$

Dividieren:     ④ $\dfrac{\sqrt[n]{a}}{\sqrt[n]{b}} = \sqrt[n]{\dfrac{a}{b}}$    ($b \in \mathbb{R}^+$)

# ALGEBRA

## Logarithmus

▶ Logarithmusfunktionen S. 27–28

$\log_a b$: Logarithmus von $b$ zur Basis $a$

**Definition**

$\log_a b$ ist die Lösung der Gleichung $a^x = b$. ($\mathbb{G} = \mathbb{R}$; $a \in \mathbb{R}^+\setminus\{1\}$; $b \in \mathbb{R}^+$)

Es gilt also: $a^{\log_a b} = b$

$\log_a a = 1$

$\log_a\left(\frac{1}{a}\right) = -1$

$\log_a 1 = 0$

**Sonderfall:** Logarithmus zur Basis 10 (dekadischer Logarithmus)

$$\log_{10} b = \lg b$$

**Rechnen mit Logarithmen**

Berechnung von Logarithmen mit beliebiger Basis:

$$\log_a b = \frac{\lg b}{\lg a}$$

Für $a \in \mathbb{R}^+\setminus\{1\}$; $b, c \in \mathbb{R}^+$; $k \in \mathbb{R}$ gilt:

① $\log_a(b \cdot c) = \log_a b + \log_a c$

② $\log_a\left(\frac{b}{c}\right) = \log_a b - \log_a c$

③ $\log_a(b^k) = k \cdot \log_a b$

# ALGEBRA

## Lineares Gleichungssystem

$\begin{vmatrix} a_1 \cdot x + b_1 \cdot y = c_1 \\ \wedge\ a_2 \cdot x + b_2 \cdot y = c_2 \end{vmatrix}$  $(\mathbb{G} = \mathbb{R} \times \mathbb{R};\ a_1, b_1, a_2, b_2 \in \mathbb{R}\setminus\{0\};\ c_1, c_2 \in \mathbb{R})$

$D_N = \begin{vmatrix} a_1 & b_1 \\ a_2 & b_2 \end{vmatrix} = a_1 \cdot b_2 - a_2 \cdot b_1$

$D_x = \begin{vmatrix} c_1 & b_1 \\ c_2 & b_2 \end{vmatrix} = c_1 \cdot b_2 - c_2 \cdot b_1$

$D_y = \begin{vmatrix} a_1 & c_1 \\ a_2 & c_2 \end{vmatrix} = a_1 \cdot c_2 - a_2 \cdot c_1$

| Eine Lösung | Keine Lösung | Unendlich viele Lösungen |
|---|---|---|
| wenn $D_N \neq 0$ $$\mathbb{L} = \left\{\left(\frac{D_x}{D_N}\bigg|\frac{D_y}{D_N}\right)\right\}$$ | wenn $D_N = 0$ und $(D_x \neq 0 \vee D_y \neq 0)$ $$\mathbb{L} = \emptyset$$ | wenn $D_N = 0$ und $(D_x = 0 \wedge D_y = 0)$ $$\mathbb{L} = \{(x|y)\,|\,a_1 \cdot x + b_1 \cdot y = c_1\}$$ |

# ALGEBRA

## Quadratische Gleichungen

▶ Quadratische Funktionen S. 22–23

**Allgemeine Form** $ax^2 + bx + c = 0$ $(a \in \mathbb{R}\setminus\{0\}; b, c \in \mathbb{R}; \mathbb{G} = \mathbb{R})$

**Diskriminante** $D = b^2 - 4ac$

| Zwei Lösungen | Eine Lösung | Keine Lösung |
|---|---|---|
| wenn $D > 0$ | wenn $D = 0$ | wenn $D < 0$ |
| $\mathbb{L} = \left\{\dfrac{-b+\sqrt{D}}{2a}; \dfrac{-b-\sqrt{D}}{2a}\right\}$ | $\mathbb{L} = \left\{\dfrac{-b}{2a}\right\}$ | $\mathbb{L} = \emptyset$ |

**Normalform der quadratischen Gleichung**

$x^2 + px + q = 0$ $(p; q \in \mathbb{R}; \mathbb{G} = \mathbb{R})$

**Diskriminante** $D = \left(\dfrac{p}{2}\right)^2 - q$

| Zwei Lösungen | Eine Lösung | Keine Lösung |
|---|---|---|
| wenn $D > 0$ | wenn $D = 0$ | wenn $D < 0$ |
| $\mathbb{L} = \left\{\dfrac{-p}{2} + \sqrt{D}; \dfrac{-p}{2} - \sqrt{D}\right\}$ | $\mathbb{L} = \left\{\dfrac{-p}{2}\right\}$ | $\mathbb{L} = \emptyset$ |

# FUNKTIONEN

## Relationen und Funktionen

Eine **Relation R** ist eine Teilmenge einer Produktmenge als Grundmenge. Die Relation wird durch eine Relationsvorschrift, z. B. eine Gleichung, festgelegt.
Die Menge der ersten Komponenten der Relation heißt **Definitionsmenge** $\mathbb{D}$, die Menge der zweiten Komponenten der Relation heißt **Wertemenge** $\mathbb{W}$.
Wird jedem Element der Definitionsmenge genau ein Element der Wertemenge zugeordnet, so ist die Relation eine **Funktion**.

| | |
|---|---|
| Produktmenge $M_1 \times M_2$ als Grundmenge | $M_1 = \{x_1, x_2, ..., x_n\}$ <br> $M_2 = \{y_1, y_2, ..., y_m\}$ <br> $M_1 \times M_2 = \{(x_1\|y_1); (x_2\|y_1); ...; (x_n\|y_1);$ <br> $(x_2\|y_2); ...; (x_n\|y_2); ...; (x_n\|y_m)\}$ |
| Relationsvorschrift | z. B. Aussageform für $x$ und $y$ |
| Relation | Paare der Grundmenge, für die die Aussageform zu einer wahren Aussage wird. |
| Definitionsmenge | $x$-Werte der Relation |
| Wertemenge | $y$-Werte der Relation |
| Graph der Relation | Punkte mit den Koordinaten der Zahlenpaare der Relation. |
| **Umkehrrelation $R^{-1}$ zur Relation $R$** | |
| Relationsvorschrift | $x$ und $y$ werden vertauscht. |
| Umkehrrelation $R^{-1}$ | Komponenten der Paare werden vertauscht. |
| Definitionsmenge der Umkehrrelation | Wertemenge der Relation |
| Wertemenge der Umkehrrelation | Definitionsmenge der Relation |
| Graph der Umkehrrelation $R^{-1}$ | Spiegelung des Graphen der Relation an der Winkelhalbierenden $w_{I/III}$ des ersten und dritten Quadranten. |

# FUNKTIONEN

## Direkte Proportionalität

Wird dem $n$-fachen der Größe $x$ das $n$-fache der Größe $y$ zugeordnet, so sind $x$ und $y$ zueinander direkt proportional.
Man schreibt: $y \sim x$

| Größe $x$ | Größe $y$ |
|---|---|
| $x_1$ | $y_1$ |
| $x_2$ | $y_2$ |
| $x_3 \quad )\cdot n$ | $y_3 \quad )\cdot n$ |
| $x_4$ | $y_4$ |

### Eigenschaften der direkten Proportionalität

① Die Zahlenpaare sind quotientengleich.

$$\frac{y_1}{x_1} = \frac{y_2}{x_2} = \frac{y_3}{x_3} = \frac{y_4}{x_4} = k \quad (x \neq 0;\ y \neq 0)$$

$$\frac{y}{x} = k \Leftrightarrow y = k \cdot x$$

$k$ heißt Proportionalitätsfaktor.

② Der Graph der Zahlenpaare liegt auf einer Ursprungshalbgeraden.

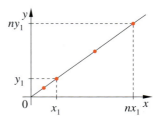

### Sonderfall: Prozentrechnung

$p$: Prozentsatz   $P$: Prozentwert   $G$: Grundwert

$$\frac{P}{G} = \frac{p}{100}$$

$$P = \frac{p}{100} \cdot G \qquad G = \frac{P \cdot 100}{p} \qquad p\% = \frac{P}{G} \cdot 100\%$$

# FUNKTIONEN

## Zinsrechnung

$K$: Kapital   $Z$: Zinsen   $p\%$: (Jahres-)Zinssatz

**Jahreszinsen:**

$Z = K \cdot \dfrac{p}{100}$

**Monatliche Zinsen:**

$Z = K \cdot \dfrac{p}{100} \cdot \dfrac{m}{12}$   ($m$: Anzahl der Monate)

**Tageszinsen:**

$Z = K \cdot \dfrac{p}{100} \cdot \dfrac{t}{365}$   ($t$: Anzahl der Tage)

**Zinseszinsen:**

Werden die anfallenden Zinsen dem Kapital zugeschlagen und mitverzinst, so spricht man von Zinseszinsen.
$K_0$: Anfangskapital   $p\%$: (Jahres-)Zinssatz   $n$: Anzahl der Jahre
$K_n$: (End-)Kapital nach $n$ Jahren

$K_n = K_0 \cdot \left(1 + \dfrac{p}{100}\right)^n$

Wachstumsfaktor $q = \left(1 + \dfrac{p}{100}\right)$

$K_n = K_0 \cdot q^n$

▶ Potenzfunktionen S. 24

# FUNKTIONEN

## Indirekte Proportionalität

Wird dem $n$-fachen der Größe $x$ der $n$-te Teil der Größe $y$ zugeordnet, so sind $x$ und $y$ zueinander indirekt proportional.

Man schreibt: $y \sim \frac{1}{x}$   $(x \neq 0; y \neq 0)$

| Größe $x$ | Größe $y$ |
|---|---|
| $x_1$ | $y_1$ |
| $x_2$ | $y_2$ |
| $x_3$ | $y_3$ |
| $x_4$ | $y_4$ |

$\cdot n$ : $n$

### Eigenschaften der indirekten Proportionalität

① Die Zahlenpaare sind produktgleich.
$x_1 \cdot y_1 = x_2 \cdot y_2 = x_3 \cdot y_3 = x_4 \cdot y_4 = k$
$x \cdot y = k \Leftrightarrow y = \frac{k}{x}$

② Der Graph der Zahlenpaare liegt auf einem Hyperbelast.

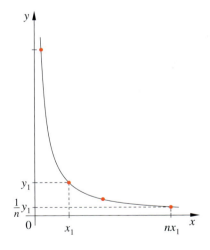

# FUNKTIONEN

## Lineare Funktionen

Gleichung der Geraden mit der Steigung $m$ und dem $y$-Achsenabschnitt $t$:

$y = mx + t$ (Normalform)   ($\mathbb{G} = \mathbb{R} \times \mathbb{R}; m, t \in \mathbb{R}$)

Definitionsmenge:   $\mathbb{D} = \mathbb{R}$

Wertemenge:   $\mathbb{W} = \mathbb{R}$ für $m \neq 0$
$\mathbb{W} = \{t\}$ für $m = 0$

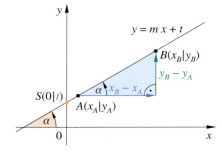

$m = \dfrac{y_B - y_A}{x_B - x_A}$   ($x_B \neq x_A$)

$m = \tan \alpha$
$m > 0$   steigende Gerade
$m < 0$   fallende Gerade

### Punktsteigungsform

Gleichung der Geraden mit der Steigung $m$ durch den Punkt $A(x_A|y_A)$:

$$y = m \cdot (x - x_A) + y_A$$

Gleichung der Geraden durch die Punkte $A(x_A|y_A)$ und $B(x_B|y_B)$:

$$y = \dfrac{y_B - y_A}{x_B - x_A} \cdot (x - x_A) + y_A$$

### Parallele Geraden

$g_1: y = m_1 \cdot x + t_1$       $g_2: y = m_2 \cdot x + t_2$

$g_1 \parallel g_2$   $\Leftrightarrow$   $m_1 = m_2$

Parallele Geraden haben die gleiche Steigung.

# FUNKTIONEN

**Orthogonale (zueinander senkrechte) Geraden**

Gleichungen zweier zueinander senkrechten Geraden durch den Punkt $A(x_A|y_A)$:

$y = m \cdot (x - x_A) + y_A \quad (m \in \mathbb{R} \setminus \{0\})$

$y = -\frac{1}{m} \cdot (x - x_A) + y_A$

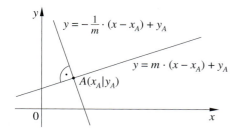

▶ Skalarprodukt S. 59–60

$g_1: y = m_1 x + t_1 \qquad g_2: y = m_2 x + t_2$

$$g_1 \perp g_2 \quad \Leftrightarrow \quad m_1 \cdot m_2 = -1$$

**Allgemeine Form der Geradengleichung**

$ax + by + c = 0$

$y = \underbrace{-\frac{a}{b}}_{} \cdot x \underbrace{- \frac{c}{b}}_{} \quad$ für $b \neq 0$

$y = m \cdot x + t$

$x = -\frac{c}{a} \qquad$ für $b = 0$ und $a \neq 0$
(Graph: Parallele zur y-Achse durch $P\left(-\frac{c}{a}\middle|0\right)$; keine Funktion!)

# FUNKTIONEN

## Parallelenschar

$g(t): y = m_0 \cdot x + t$
Graphen: Geraden mit gleicher Steigung $m_0$, aber variablem $y$-Achsenabschnitt $t$.

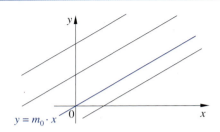

## Geradenbüschel

$g(m): y = m \cdot (x - x_B) + y_B$
Graphen: Geraden mit unterschiedlicher Steigung $m$ durch $B(x_B|y_B)$, den Büschelpunkt.

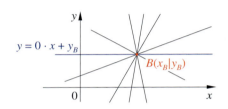

## Quadratische Funktionen mit der Gleichung $y = ax^2$

Funktionsgleichung: $y = ax^2$ $\qquad (\mathbb{G} = \mathbb{R} \times \mathbb{R}; a \in \mathbb{R}\setminus\{0\})$

Definitionsmenge: $\mathbb{D} = \mathbb{R}$

| $a > 0$ | $a < 0$ |
|---|---|
| $\mathbb{W} = \mathbb{R}_0^+$ <br> Graph: Nach oben geöffnete Parabel | $\mathbb{W} = \mathbb{R}_0^-$ <br> Graph: Nach unten geöffnete Parabel |
| 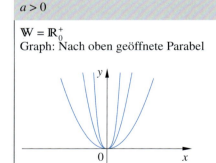 | 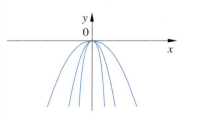 |

# Quadratische Funktionen mit der Gleichung $y = ax^2 + bx + c$

Funktionsgleichung: $y = ax^2 + bx + c$  ($\mathbb{G} = \mathbb{R} \times \mathbb{R}; a \in \mathbb{R} \setminus \{0\}; b, c \in \mathbb{R}$)

Definitionsmenge: $\mathbb{D} = \mathbb{R}$

Scheitel: $S\left(\underbrace{\frac{-b}{2a}}_{x_S} \bigg| \underbrace{c - \frac{b^2}{4a}}_{y_S}\right)$

Scheitelform: $y = a(x - x_S)^2 + y_S$

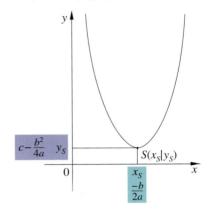

| $a > 0$ | $a < 0$ |
|---|---|
| $\mathbb{W} = \{y \mid y \geq y_S\}$ | $\mathbb{W} = \{y \mid y \leq y_S\}$ |
| Graph: Nach oben geöffnete Parabel mit dem Scheitel $S(x_S \mid y_S)$; Minimum $y_S$ für $x = x_S$ | Graph: Nach unten geöffnete Parabel mit dem Scheitel $S(x_S \mid y_S)$; Maximum $y_S$ für $x = x_S$ |

**Sonderfall:** $y = x^2 + px + q$   ($\mathbb{G} = \mathbb{R} \times \mathbb{R}; p, q \in \mathbb{R}$)

Graph: Nach oben geöffnete Normalparabel;

Scheitel $S\left(-\frac{p}{2} \bigg| q - \left(\frac{p}{2}\right)^2\right)$

# Potenzfunktionen mit natürlichen Exponenten

Funktionsgleichung: $y = x^n$ ($\mathbb{G} = \mathbb{R} \times \mathbb{R}; n \in \mathbb{N}\setminus\{1\}$)

Definitionsmenge: $\mathbb{D} = \mathbb{R}$

| $n$ gerade | $n$ ungerade |
|---|---|
| $\mathbb{W} = \mathbb{R}_0^+$ | $\mathbb{W} = \mathbb{R}$ |
| Graphen:<br>Achsensymmetrische Parabeln bezüglich der $y$-Achse<br>Sonderfall: $y = x^2$ | Graphen:<br>Punktsymmetrische Parabeln bezüglich Ursprung $(0\|0)$ |
| 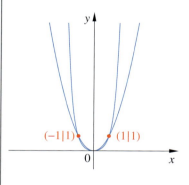 | 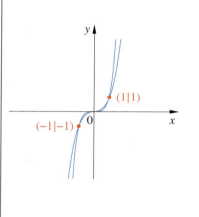 |
| ▶ Quadratische Funktionen S. 22 | |

# Potenzfunktionen mit ganzzahligen negativen Exponenten

Funktionsgleichung: $y = x^{-n} \Leftrightarrow y = \frac{1}{x^n}$ ($\mathbb{G} = \mathbb{R} \times \mathbb{R}; n \in \mathbb{N}$)

Definitionsmenge: $\mathbb{D} = \mathbb{R} \setminus \{0\}$

| $n$ gerade | $n$ ungerade |
|---|---|
| $\mathbb{W} = \mathbb{R}^+$ | $\mathbb{W} = \mathbb{R} \setminus \{0\}$ |
| Graphen: Achsensymmetrische Hyperbeln bezüglich der $y$-Achse | Graphen: Punktsymmetrische Hyperbeln bezüglich Ursprung $(0\|0)$ |
| 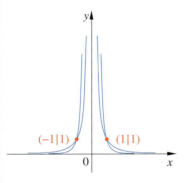 | 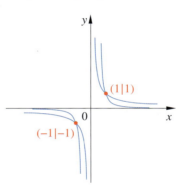 |
| Gleichungen der Asymptoten $x = 0$ $y = 0$ | Gleichungen der Asymptoten $x = 0$ $y = 0$ |

# Potenzfunktionen mit rationalen nicht ganzzahligen Exponenten

Funktionsgleichung: $y = x^{\frac{m}{n}} \Leftrightarrow y = \sqrt[n]{x^m}$ $\quad \left( \mathbb{G} = \mathbb{R} \times \mathbb{R}; \frac{m}{n} \in \mathbb{Q} \setminus \mathbb{Z} \right)$

| $\frac{m}{n} > 0$ | $\frac{m}{n} < 0$ |
|---|---|
| $\mathbb{D} = \mathbb{R}_0^+$ <br> $\mathbb{W} = \mathbb{R}_0^+$ <br><br> Graphen: | $\mathbb{D} = \mathbb{R}^+$ <br> $\mathbb{W} = \mathbb{R}^+$ <br><br> Graphen: <br><br> 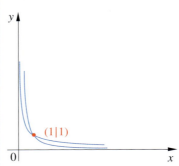 <br><br> Gleichungen der Asymptoten <br> $x = 0$ <br> $y = 0$ |

Gleichung der Umkehrfunktion zu $f$: $\quad y = x^{\frac{m}{n}}$

$$f^{-1}: \quad y = x^{\frac{n}{m}}$$

# FUNKTIONEN

## Exponentialfunktionen

▶ Potenzen S. 11

Funktionsgleichung: $y = a^x$  ($\mathbb{G} = \mathbb{R} \times \mathbb{R}; a \in \mathbb{R}^+ \setminus \{1\}$)

Definitionsmenge: $\mathbb{D} = \mathbb{R}$

Wertemenge: $\mathbb{W} = \mathbb{R}^+$

Graphen:

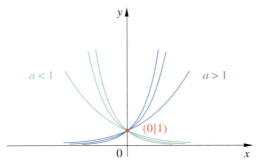

$y = \left(\frac{1}{a}\right)^x \Leftrightarrow y = a^{-x}$

Gleichung der Asymptote: $y = 0$

Gleichung der Umkehrfunktion zu $f$:  $y = a^x$

$\qquad\qquad\qquad\qquad\qquad f^{-1}: y = \log_a x$

## Logarithmusfunktionen

▶ Logarithmus S. 13

Funktionsgleichung: $y = \log_a x$  ($\mathbb{G} = \mathbb{R} \times \mathbb{R}; a \in \mathbb{R}^+ \setminus \{1\}$)

Definitionsmenge: $\mathbb{D} = \mathbb{R}^+$

Wertemenge: $\mathbb{W} = \mathbb{R}$

Graphen:

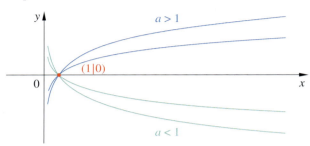

$y = \log_{(\frac{1}{a})} x \Leftrightarrow y = -\log_a x$

Gleichung der Asymptote: $x = 0$

Gleichung der Umkehrfunktion zu $f$: $\quad y = \log_a x$
$\qquad\qquad\qquad\qquad\qquad f^{-1}: y = a^x$

## Trigonometrische Funktionen

**Bogenmaß $x$**

$x$ LE: Länge des Kreisbogens zum Mittelpunktswinkel $\varphi$ bei einem Kreis mit $r = 1$ LE

▶ Kreisbogen S. 51

$x = 2\pi \cdot \dfrac{\varphi}{360°}$

$\varphi = \dfrac{x}{\pi} \cdot 180°$

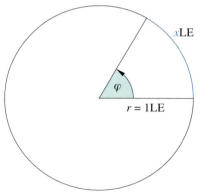

| $\varphi$ | 0° | 30° | 45° | 60° | 90° | 180° | 270° | 360° |
|---|---|---|---|---|---|---|---|---|
| $x$ | 0 | $\dfrac{\pi}{6}$ | $\dfrac{\pi}{4}$ | $\dfrac{\pi}{3}$ | $\dfrac{\pi}{2}$ | $\pi$ | $\dfrac{3}{2}\pi$ | $2\pi$ |

# FUNKTIONEN

## Sinusfunktion

▶ Sinus S. 31

Funktionsgleichung: $y = \sin x$  ($\mathbb{G} = \mathbb{R} \times \mathbb{R}$)

Definitionsmenge: $\mathbb{D} = \mathbb{R}$

Wertemenge: $\mathbb{W} = [-1; 1]_\mathbb{R}$

Graph:

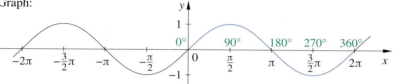

Punktsymmetrie bezüglich Ursprung $(0|0)$   $(\sin(-x) = -\sin x)$

Periode: $2\pi (360°)$   $(\sin(x + k \cdot 2\pi) = \sin x; k \in \mathbb{Z})$

## Kosinusfunktion

▶ Kosinus S. 31

Funktionsgleichung: $y = \cos x$  ($\mathbb{G} = \mathbb{R} \times \mathbb{R}$)

Definitionsmenge: $\mathbb{D} = \mathbb{R}$

Wertemenge: $\mathbb{W} = [-1; 1]_\mathbb{R}$

Graph:

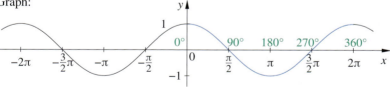

Achsensymmetrie bezüglich der $y$-Achse   $(\cos(-x) = \cos x)$

Periode: $2\pi (360°)$   $(\cos(x + k \cdot 2\pi) = \cos x; k \in \mathbb{Z})$

## FUNKTIONEN

**Tangensfunktion**

▶ Tangens S. 31

Funktionsgleichung: $y = \tan x$   $(\mathbb{G} = \mathbb{R} \times \mathbb{R})$

Definitionsmenge: $\mathbb{D} = \left\{ x \,\middle|\, x \neq (2k+1) \cdot \frac{\pi}{2} \right\}$   $(k \in \mathbb{Z})$

Wertemenge: $\mathbb{W} = \mathbb{R}$

Graph:

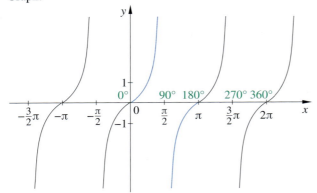

Punktsymmetrie bezüglich Ursprung $(0|0)$   $(\tan(-x) = -\tan x)$

Periode: $\pi\,(180°)$   $(\tan(x + k \cdot \pi) = \tan x;\ k \in \mathbb{Z})$

# TRIGONOMETRIE

## Sinus, Kosinus, Tangens

▶ Trigonometrische Funktionen S. 28–30

Ist $P(x|y)$ ein beliebiger Punkt auf dem Einheitskreis $k(M(0|0); r = 1\,\text{LE})$ und schließt die $x$-Achse mit $\overrightarrow{OP}$ den Winkel $\varphi$ ein, so gilt:

$\sin \varphi = y$
$\cos \varphi = x$

$\tan \varphi = \dfrac{y}{x} = \dfrac{\sin \varphi}{\cos \varphi}$ 　 (für $x \neq 0$, also $\varphi \neq (2k+1) \cdot 90°; k \in \mathbb{Z}$)

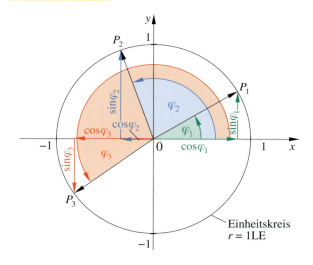

**Vorzeichen von sin $\varphi$, cos $\varphi$ und tan $\varphi$ in den vier Quadranten**

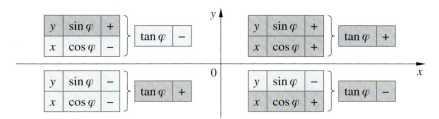

# TRIGONOMETRIE

**sin $\varphi$, cos $\varphi$ und tan $\varphi$ für besondere Winkelmaße**

| $\varphi$ | 0° | 30° | 45° | 60° | 90° | 180° | 270° | 360° |
|---|---|---|---|---|---|---|---|---|
| sin $\varphi$ | 0 | $\frac{1}{2}$ | $\frac{1}{2}\sqrt{2}$ | $\frac{1}{2}\sqrt{3}$ | 1 | 0 | $-1$ | 0 |
| cos $\varphi$ | 1 | $\frac{1}{2}\sqrt{3}$ | $\frac{1}{2}\sqrt{2}$ | $\frac{1}{2}$ | 0 | $-1$ | 0 | 1 |
| tan $\varphi$ | 0 | $\frac{1}{3}\sqrt{3}$ | 1 | $\sqrt{3}$ | nicht definiert | 0 | nicht definiert | 0 |

**Beziehungen für negative Winkel**

$\sin(-\varphi) = -\sin\varphi$

$\cos(-\varphi) = \cos\varphi$

$\tan(-\varphi) = -\tan\varphi$

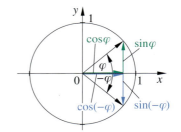

**Komplementbeziehungen**

$\sin(90° - \varphi) = \cos\varphi$

$\cos(90° - \varphi) = \sin\varphi$

Für $\varphi \neq k \cdot 180°$ ($k \in \mathbb{Z}$) gilt:

$\tan(90° - \varphi) = \frac{\sin(90° - \varphi)}{\cos(90° - \varphi)} = \frac{\cos\varphi}{\sin\varphi} = \frac{1}{\tan\varphi}$

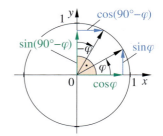

**Supplementbeziehungen**

Für $\varphi \in [0°; 180°]$ gilt:

$\sin(180° - \varphi) = \sin\varphi$

$\cos(180° - \varphi) = -\cos\varphi$

Für $\varphi \in [0°; 90°[$ gilt:

$\tan(180° - \varphi) = -\tan\varphi$

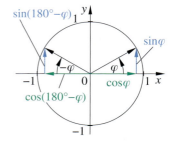

# TRIGONOMETRIE

**Beziehungen für 180° + φ**

$\sin(180° + \varphi) = -\sin\varphi$

$\cos(180° + \varphi) = -\cos\varphi$

$\tan(180° + \varphi) = \tan\varphi \quad (\varphi \neq (2k+1) \cdot 90°; k \in \mathbb{Z})$

**Beziehungen zwischen den Winkelfunktionen**

$$\sin^2\varphi + \cos^2\varphi = 1$$

Für $\varphi \in \,]0°;\,90°[$ gilt:

$\sin\varphi = \sqrt{1 - \cos^2\varphi} = \dfrac{\tan\varphi}{\sqrt{1 + \tan^2\varphi}}$

$\cos\varphi = \sqrt{1 - \sin^2\varphi} = \dfrac{1}{\sqrt{1 + \tan^2\varphi}}$

$\tan\varphi = \dfrac{\sin\varphi}{\cos\varphi} = \dfrac{\sin\varphi}{\sqrt{1 - \sin^2\varphi}} = \dfrac{\sqrt{1 - \cos^2\varphi}}{\cos\varphi}$

**Additionstheoreme**

$$\sin(\alpha + \beta) = \sin\alpha \cos\beta + \cos\alpha \sin\beta$$
$$\sin(\alpha - \beta) = \sin\alpha \cos\beta - \cos\alpha \sin\beta$$
$$\cos(\alpha + \beta) = \cos\alpha \cos\beta - \sin\alpha \sin\beta$$
$$\cos(\alpha - \beta) = \cos\alpha \cos\beta + \sin\alpha \sin\beta$$

$\tan(\alpha + \beta) = \dfrac{\tan\alpha + \tan\beta}{1 - \tan\alpha \tan\beta} \quad (\tan\alpha \tan\beta \neq 1)$

$\tan(\alpha - \beta) = \dfrac{\tan\alpha - \tan\beta}{1 + \tan\alpha \tan\beta} \quad (\tan\alpha \tan\beta \neq -1)$

**Beziehungen für das doppelte Winkelmaß**

$\sin 2\varphi = 2 \sin\varphi \cos\varphi$

$\cos 2\varphi = \cos^2\varphi - \sin^2\varphi = 2\cos^2\varphi - 1 = 1 - 2\sin^2\varphi$

$\tan 2\varphi = \dfrac{2 \tan\varphi}{1 - \tan^2\varphi} \quad (\tan^2\varphi \neq 1)$

MATHEMATIK

# TRIGONOMETRIE

**Beziehungen für das halbe Winkelmaß**

$\sin^2 \frac{\varphi}{2} = \frac{1}{2}(1 - \cos \varphi)$

$\cos^2 \frac{\varphi}{2} = \frac{1}{2}(1 + \cos \varphi)$

$\tan^2 \frac{\varphi}{2} = \frac{1 - \cos \varphi}{1 + \cos \varphi} \quad (\cos \varphi \neq -1)$

**Zusammenhang zwischen Polarkoordinaten und kartesischen Koordinaten**

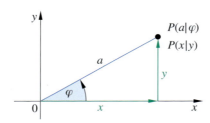

| Polarkoordinaten $P(a\|\varphi)$ $(a \in \mathbb{R}_0^+;\ \varphi \in [0°;\ 360°[)$ | Kartesische Koordinaten $P(x\|y)$ $(x, y \in \mathbb{R})$ |
|---|---|
| $a = \sqrt{x^2 + y^2}$ $\tan \varphi = \frac{y}{x}$ (für $x \neq 0$) $\varphi = 90°$ (für $x = 0 \wedge y > 0$) $\varphi = 270°$ (für $x = 0 \wedge y < 0$) | $x = a \cdot \cos \varphi$ $y = a \cdot \sin \varphi$ |

# TRIGONOMETRIE

## sin, cos, tan im rechtwinkligen Dreieck

$\sin \varphi = \dfrac{\text{Länge der Gegenkathete}}{\text{Länge der Hyoptenuse}}$

$\cos \varphi = \dfrac{\text{Länge der Ankathete}}{\text{Länge der Hypotenuse}}$

$\tan \varphi = \dfrac{\text{Länge der Gegenkathete}}{\text{Länge der Ankathete}}$

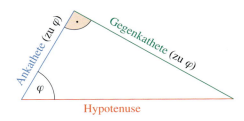

## Sätze im allgemeinen Dreieck

**Sinussatz**

▶ Umkreis S. 42

$$\dfrac{a}{\sin \alpha} = \dfrac{b}{\sin \beta} = \dfrac{c}{\sin \gamma}$$

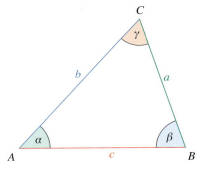

**Kosinussatz**

$$c^2 = a^2 + b^2 - 2ab \cdot \cos \gamma$$

Sonderfall $\gamma = 90°$

**Satz des Pythagoras** $c^2 = a^2 + b^2$ ▶ S. 46

MATHEMATIK

# GEOMETRIE

## Mittelpunkt einer Strecke

$$M_{[AB]}\left(\frac{x_A + x_B}{2} \middle| \frac{y_A + y_B}{2}\right)$$

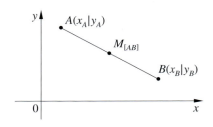

## Winkel an sich schneidenden Geraden

| Scheitelwinkel | Nebenwinkel |
|---|---|
| 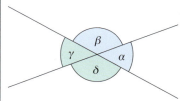 | |
| Scheitelwinkel haben das gleiche Maß. | Die Maße zweier Nebenwinkel ergeben zusammen 180°. |
| $\alpha = \gamma$ <br> $\beta = \delta$ | $\alpha + \beta = 180°$    $\alpha + \delta = 180°$ <br> $\gamma + \beta = 180°$    $\gamma + \delta = 180°$ |

# GEOMETRIE

## Winkel an Parallelen

| Stufenwinkel ("F-Winkel") | Wechselwinkel ("Z-Winkel") |
|---|---|
| 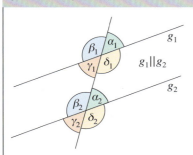 $g_1 \| g_2$ | 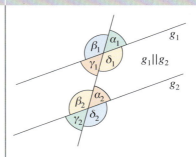 $g_1 \| g_2$ |
| Stufenwinkel haben das gleiche Maß. | Wechselwinkel habe das gleiche Maß. |
| $\alpha_1 = \alpha_2 \quad \beta_1 = \beta_2 \quad \gamma_1 = \gamma_2 \quad \delta_1 = \delta_2$ | $\alpha_1 = \gamma_2 \quad \beta_1 = \delta_2 \quad \gamma_1 = \alpha_2 \quad \delta_1 = \beta_2$ |

## Ortslinien

### Kreis

$\{P \mid \overline{PM} = r\} = k(M; r)$

▶ Kreis S. 51

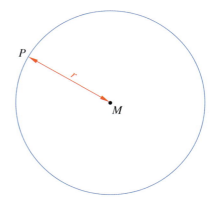

# GEOMETRIE

### Mittelsenkrechte

$\{P \mid \overline{PA} = \overline{PB}\} = m_{[AB]}$

▶ Umkreis S. 42

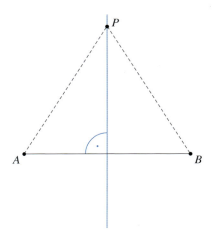

### Parallelenpaar

$\{P \mid d(P; g) = a\} = h_1 \cup h_2$

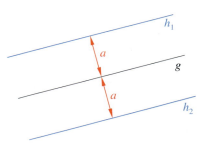

### Mittelparallele

$\{P \mid d(P; g_1) = d(P; g_2)\} = m \quad (g_1 \parallel g_2)$

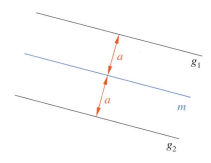

## Winkelhalbierendenpaar

$\{P \mid d(P; g_1) = d(P; g_2)\} = w_1 \cup w_2 \quad (g_1 \not\parallel g_2)$

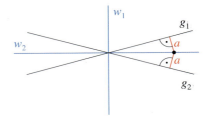

## Randwinkelsatz

$\{P \mid \sphericalangle APB = \frac{\mu}{2} \vee \sphericalangle BPA = \frac{\mu}{2}\} = b_1 \cup b_2$

Für alle Punkte $P$ auf den Bögen $b_1$ oder $b_2$ (und nur für diese) erscheint die Strecke $[AB]$ unter dem Winkel $\frac{\mu}{2}$.

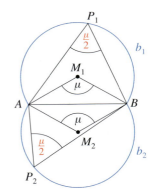

## Sonderfall: Thaleskreis

$\{P \mid \sphericalangle APB = 90° \vee \sphericalangle BPA = 90°\} = k\left(M_{[AB]}; r = \frac{\overline{AB}}{2}\right) \setminus \{A; B\}$

Alle Punkte $P$, für die die Strecke $[AB]$ unter einem Winkel von 90° erscheint, liegen auf der Kreislinie um den Mittelpunkt von $[AB]$ mit dem Radius $\frac{\overline{AB}}{2}$.

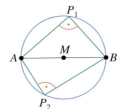

# GEOMETRIE

## Dreiecke

### Innenwinkelsatz

Die Summe der Innenwinkelmaße in einem Dreieck beträgt 180°.

$\alpha + \beta + \gamma = 180°$

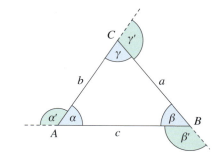

### Außenwinkelsatz

Das Maß eines Außenwinkels ist genauso groß wie die Summe der Maße der zwei nicht anliegenden Innenwinkel.

$\alpha' = \beta + \gamma \quad \beta' = \alpha + \gamma \quad \gamma' = \alpha + \beta$

### Dreiecksungleichung

Die Summe der Längen zweier Dreiecksseiten ist stets größer als die Länge der dritten Seite.

$a + b > c \quad a + c > b \quad b + c > a$

### Seiten-Winkel-Beziehung

Der längeren Seite liegt der größere Winkel gegenüber und umgekehrt.

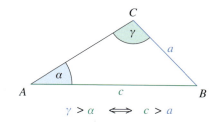

$\gamma > \alpha \iff c > a$

# GEOMETRIE

## Flächeninhalt von Dreiecken

① $A = \frac{1}{2} a \cdot h_a$

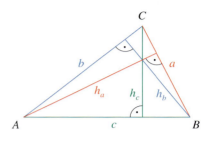

② $A = \frac{1}{2} b \cdot c \cdot \sin \alpha$

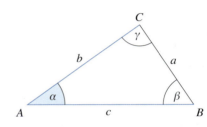

③ $A = \frac{1}{2} \cdot \begin{vmatrix} c_x & b_x \\ c_y & b_y \end{vmatrix}$ FE

    ↑    ↑

Seitenpfeil 1

    Seitenpfeil 2
    mit gemeinsamem Fußpunkt
    (entgegen dem Uhrzeigersinn)

$A = \frac{1}{2}(c_x \cdot b_y - c_y \cdot b_x)$ FE

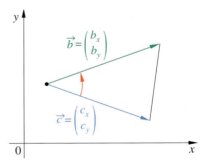

**D**

MATHEMATIK

# Umkreis, Inkreis, Schwerpunkt eines Dreiecks

### Umkreis eines Dreiecks

▶ Sinussatz S. 35

Bei jedem Dreieck schneiden sich die Mittelsenkrechten der Dreiecksseiten in einem Punkt, dem Mittelpunkt des Umkreises.

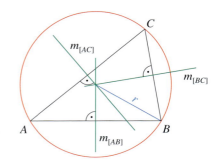

### Inkreis eines Dreiecks

Bei jedem Dreieck schneiden sich die Winkelhalbierenden in einem Punkt, dem Mittelpunkt des Inkreises.

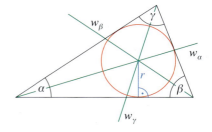

### Schwerpunkt eines Dreiecks

Bei jedem Dreieck schneiden sich die Seitenhalbierenden in einem Punkt, dem Schwerpunkt des Dreiecks. Der Schwerpunkt $S$ des Dreiecks teilt jede Seitenhalbierende im Verhältnis $2:1$.

$$S\left(\frac{x_A + x_B + x_C}{3} \bigg| \frac{y_A + y_B + y_C}{3}\right)$$

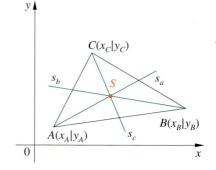

# Kongruenz und Ähnlichkeit von Dreiecken

| Kongruenz | Ähnlichkeit |
|---|---|
| Zwei Dreiecke sind kongruent, wenn sie durch Kongruenzabbildungen aufeinander abgebildet werden können. | Zwei Dreiecke sind ähnlich, wenn sie durch zentrische Streckungen und Kongruenzabbildungen aufeinander abgebildet werden können. |
| Kongruenzsätze | Ähnlichkeitssätze |
| ① Zwei Dreiecke sind kongruent, wenn sie in drei Seiten übereinstimmen. (sss) | ① Zwei Dreiecke sind ähnlich, wenn sie im Verhältnis der drei Seiten übereinstimmen. |
| ② Zwei Dreiecke sind kongruent, wenn sie in zwei Seiten und dem Zwischenwinkel übereinstimmen. (sws) | ② Zwei Dreiecke sind ähnlich, wenn sie im Verhältnis zweier Seiten und dem Zwischenwinkel übereinstimmen. |
| ③ Zwei Dreiecke sind kongruent, wenn sie in einer Seite und zwei entsprechenden Winkeln übereinstimmen. (wsw/wws) | ③ Zwei Dreiecke sind ähnlich, wenn sie in zwei Winkeln übereinstimmen. |
| ④ Zwei Dreiecke sind kongruent, wenn sie in zwei Seiten und dem Gegenwinkel der größeren Seite übereinstimmen. (sSw) | ④ Zwei Dreiecke sind ähnlich, wenn sie im Verhältnis zweier Seiten und dem Gegenwinkel der größeren Seite übereinstimmen. |

# GEOMETRIE

## Vierstreckensatz

▶ Zentrische Streckung S. 64

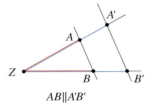
$AB \parallel A'B'$

$$\frac{\overline{ZA'}}{\overline{ZA}} = \frac{\overline{ZB'}}{\overline{ZB}}$$

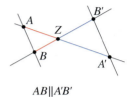
$AB \parallel A'B'$

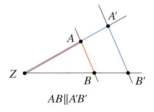
$AB \parallel A'B'$

$$\frac{\overline{AA'}}{\overline{ZA}} = \frac{\overline{BB'}}{\overline{ZB}}$$

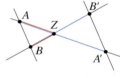
$AB \parallel A'B'$

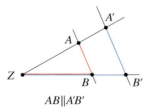
$AB \parallel A'B'$

$$\frac{\overline{ZA'}}{\overline{ZA}} = \frac{\overline{A'B'}}{\overline{AB}}$$

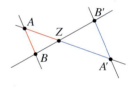
$AB \parallel A'B'$

$$\frac{\overline{ZB'}}{\overline{ZB}} = \frac{\overline{A'B'}}{\overline{AB}}$$

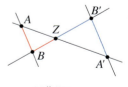
$AB \parallel A'B'$

# GEOMETRIE

## Besondere Dreiecke

### Gleichschenkliges Dreieck

Nach nebenstehender Zeichnung gilt:

$a = b$

$\alpha = \beta$

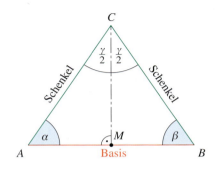

### Gleichseitiges Dreieck

$\overline{AB} = \overline{AC} = \overline{BC} = a$

$\alpha = \beta = \gamma = 60°$

Dreieckshöhe $h = \frac{a}{2}\sqrt{3}$

Flächeninhalt $A = \frac{a^2}{4}\sqrt{3}$

S ist der Schwerpunkt.

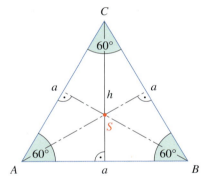

### Rechtwinkliges Dreieck

▶ Thaleskreis S. 39

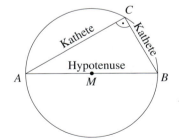

# Sätze am rechtwinkligen Dreieck

▶ Sinus, Kosinus, Tangens im rechtwinkligen Dreieck S. 35

**Kathetensätze**

$a^2 = p \cdot c$

$b^2 = q \cdot c$

**Satz des Pythagoras**

$a^2 + b^2 = c^2$

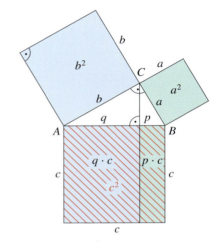

**Höhensatz**

$h^2 = p \cdot q$

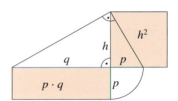

# GEOMETRIE

## Vierecke

konvex

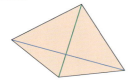

Diagonalen schneiden sich

konkav

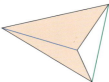

Diagonalen schneiden sich nicht

**Symmetrische Vierecke (Übersicht)**

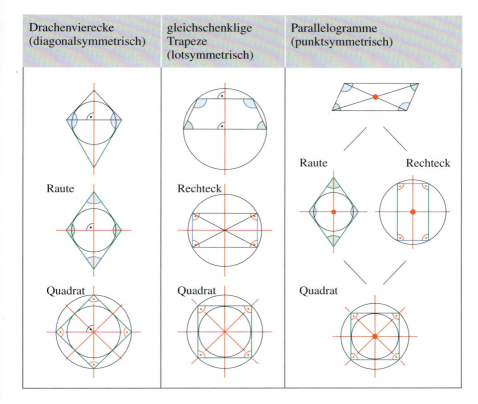

# GEOMETRIE

| Vierecksform | Eigenschaften | Flächeninhalt |
|---|---|---|
| Trapez | $AB \parallel CD$ | $A = m \cdot h$ <br> $A = \dfrac{\overline{AB} + \overline{CD}}{2} \cdot h$ |
| Gleichschenkliges Trapez | lotsymmetrisch <br> $\alpha = \beta \quad \gamma = \delta$ <br> $\alpha + \delta = 180° \wedge$ <br> $\beta + \gamma = 180°$ <br> $\overline{AD} = \overline{BC} \wedge \overline{AC} = \overline{BD}$ <br> Umkreismittelpunkt: Schnittpunkt der Mittelsenkrechten | |
| Parallelogramm <br> $\vec{b} = \begin{pmatrix} b_x \\ b_y \end{pmatrix}$ <br> $\vec{a} = \begin{pmatrix} a_x \\ a_y \end{pmatrix}$ | punktsymmetrisch <br> $\alpha = \gamma \wedge \beta = \delta$ <br> $\alpha + \beta = 180° \wedge$ <br> $\alpha + \delta = 180°$ <br> $\overline{AB} = \overline{CD} \wedge \overline{AD} = \overline{BC}$ <br> $AB \parallel CD \wedge AD \parallel BC$ <br> Die Diagonalen halbieren sich gegenseitig. | $A = g \cdot h$ <br> $A = \overline{AB} \cdot \overline{AD} \cdot \sin \alpha$ <br> $A = \begin{vmatrix} a_x & b_x \\ a_y & b_y \end{vmatrix}$ <br> ↑ ↑ <br> Seiten- Seiten- <br> pfeil 1 pfeil 2 <br> mit gemeinsamen Fußpunkt (entgegen dem Uhrzeigersinn) <br> ▶ Dreieck S. 41 |
| Drachenviereck | diagonalensymmetrisch <br> $\alpha = \gamma$ <br> $\overline{AB} = \overline{BC} \wedge \overline{AD} = \overline{DC}$ <br> Die Diagonalen stehen aufeinander senkrecht. <br> Inkreismittelpunkt: Schnittpunkt der Winkelhalbierenden | $A = \dfrac{1}{2} e \cdot f$ <br> ($e$ und $f$ sind die Längen der beiden Diagonalen) |

# GEOMETRIE

| Viereckform | Eigenschaften | Flächeninhalt |
|---|---|---|
| **Raute**<br>▶ Drachenviereck S. 48<br>▶ Parallelogramm S. 48<br>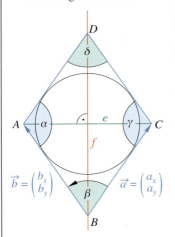 | Beide Diagonalen sind Symmetrieachsen.<br>$\overline{AB} = \overline{BC} = \overline{CD} = \overline{DA}$<br>$\alpha = \gamma \wedge \beta = \delta$<br>Die Diagonalen halbieren sich gegenseitig und stehen aufeinander senkrecht.<br>Inkreismittelpunkt: Schnittpunkt der Winkelhalbierenden (Diagonalen) | $A = \frac{1}{2} e \cdot f$<br>$A = \overline{AB} \cdot \overline{AD} \cdot \sin \alpha$<br>$A = \begin{vmatrix} a_x & b_x \\ a_y & b_y \end{vmatrix}$<br>↑ ↑<br>Seiten- Seiten-<br>pfeil 1 pfeil 2<br>mit gemeinsamen Fußpunkt (entgegen dem Uhrzeigersinn)<br>▶ Dreieck S. 41 |
| **Rechteck**<br>▶ Parallelogramm S. 48<br>▶ gleichschenkliges Trapez S. 48<br>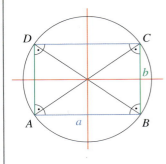 | Beide Mittelsenkrechten sind Symmetrieachsen<br>$\overline{AB} = \overline{DC} = a \wedge$<br>$\overline{AD} = \overline{BC} = b$<br>$\alpha = \beta = \gamma = \delta = 90°$<br>Die Diagonalen sind gleich lang und halbieren sich gegenseitig.<br>Umkreismittelpunkt: Schnittpunkt der Mittelsenkrechten<br>Diagonalenlänge:<br>$d = \sqrt{a^2 + b^2}$ | $A = a \cdot b$ |

# GEOMETRIE

| Vierecksform | Eigenschaften | Flächeninhalt |
|---|---|---|
| Quadrat<br>▶ Rechteck S. 49<br>▶ Raute S. 49<br>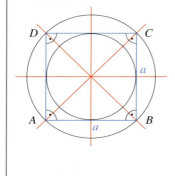 | Beide Diagonalen und beide Mittelsenkrechten sind Symmetrieachsen.<br>$\overline{AB} = \overline{BC} = \overline{CD} = \overline{AD} = a$<br>$\alpha = \beta = \gamma = \delta = 90°$<br>Die Diagonalen sind gleich lang, halbieren sich gegenseitig und stehen aufeinander senkrecht.<br>Diagonalenlänge:<br>$d = a\sqrt{2}$<br>Diagonalenschnittpunkt ist Inkreis- und Umkreismittelpunkt | $A = a^2$ |

## D

**Vierecke mit Umkreis (Sehnenviereck)**

▶ Umkreis eines Dreiecks S. 42

$\alpha + \gamma = 180°$  $\beta + \delta = 180°$

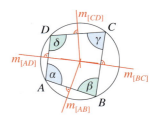

**Vierecke mit Inkreis (Tangentenviereck)**

▶ Inkreis eines Dreiecks S. 42

$\overline{AB} + \overline{CD} = \overline{AD} + \overline{BC}$

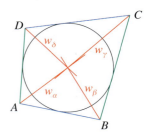

# GEOMETRIE

## Kreis

▶ Ortslinien S. 37

$A = r^2 \pi$   ($\pi \approx 3{,}14$)   $A$: Flächeninhalt
$r$: Radius

$u = 2r\pi$
$u = d\pi$   $u$: Umfang
$d$: Durchmesser

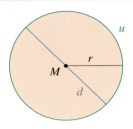

## Kreisteile

**Kreissektor**

$A = \frac{\alpha}{360°} \cdot r^2 \pi$   $\alpha$: Mittelpunktswinkel

**Kreisbogen**

$b = \frac{\alpha}{360°} \cdot 2r\pi$   $b$: Kreisbogen

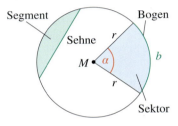

## Satz von Cavalieri

Haben zwei Körper, die auf einer gemeinsamen Ebene $\mathbb{E}$ stehen, **gleich große Grundflächen** und **gleiche Höhen** und sind für alle zu $\mathbb{E}$ parallelen Ebenen die **Schnittflächen** der beiden Körper jeweils **gleich groß**, so haben die beiden Körper das **gleiche Volumen**.

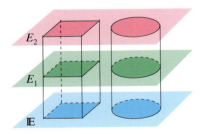
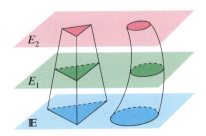

## Lagebeziehungen im Raum

Zwei Geraden heißen **parallel**, wenn sie in einer Ebene liegen und entweder keinen gemeinsamen Punkt haben oder identisch sind.

z.B.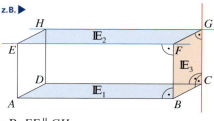

z.B. $EF \parallel GH$

Zwei Geraden heißen **windschief**, wenn sie sich nicht schneiden und sie nicht parallel sind.

z.B. $EF$ und $CG$ sind windschief

Eine **Gerade** verläuft **parallel zu einer Ebene**, wenn sie parallel zu einer Geraden dieser Ebene ist.

z.B. $EF \parallel \mathbb{E}_1$, da $AB \parallel EF$

Eine **Gerade** steht **senkrecht auf einer Ebene**, wenn sie auf zwei Geraden dieser Ebene senkrecht steht.

z.B. $CG \perp \mathbb{E}_1$, da $BC \perp CG$ und $DC \perp CG$

Zwei **Ebenen** sind **parallel**, wenn es eine Gerade gibt, die auf beiden Ebenen senkrecht steht.

z.B. $\mathbb{E}_1 \parallel \mathbb{E}_2$, da $CG \perp \mathbb{E}_1$ und $CG \perp \mathbb{E}_2$

Zwei **Ebenen stehen aufeinander senkrecht**, wenn es in einer dieser Ebenen eine Gerade gibt, die auf der anderen Ebene senkrecht steht.

z.B. $\mathbb{E}_1 \perp \mathbb{E}_3$, da $DC \perp \mathbb{E}_3$

# GEOMETRIE

## Prisma

$O = 2\,G + M$
$V = G \cdot h$

$O$: Oberfläche
$M$: Mantelfläche
$G$: Grundfläche
$V$: Volumen

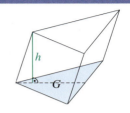

## Gerades Prisma

$O = 2\,G + M$
$O = 2\,G + u \cdot h$     $u$: Umfang der Grundfläche
$V = G \cdot h$

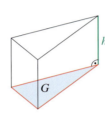
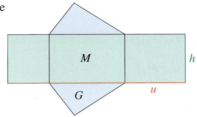

### Sonderformen:

### Quader

$O = 2\,G + M$
$O = 2\,a \cdot b + (2\,a + 2\,b) \cdot c$

$V = G \cdot h$
$V = a \cdot b \cdot c$

$d = \sqrt{a^2 + b^2 + c^2}$     $d$: Raumdiagonale

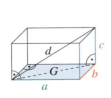
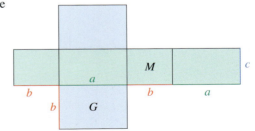

# GEOMETRIE

**Würfel**

$G = a^2$
$M = 4a^2$
$O = 6a^2$
$V = a^3$
$d = a\sqrt{3}$

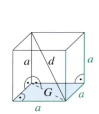
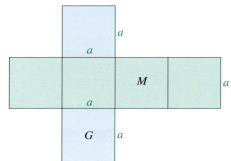

## Pyramide

$O = G + M$

$V = \frac{1}{3} G \cdot h$

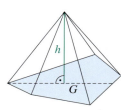

**Sonderformen:**

**Pyramide mit quadratischer Grundfläche und gleich langen Kanten (halbes Oktaeder)**

$G = a^2$

$O = a^2 + a^2\sqrt{3}$

$h = \frac{a}{2}\sqrt{2}$

$V = \frac{a^3}{6}\sqrt{2}$

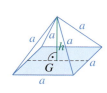
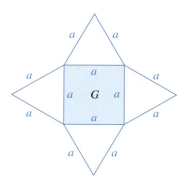

MATHEMATIK

# GEOMETRIE

**Pyramide mit dreieckiger Grundfläche und gleich langen Kanten (Tetraeder)**

$G = \frac{a^2}{4}\sqrt{3}$

$O = a^2\sqrt{3}$

$h = \frac{a}{3}\sqrt{6}$

$V = \frac{a^3}{12}\sqrt{2}$

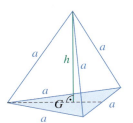
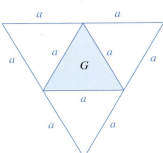

# Gerader Kreiszylinder

$G = r^2 \pi$

$M = 2r\pi h$

$O = 2G + M$

$O = 2r\pi(r + h)$

$V = G \cdot h$

$V = r^2 \pi h$

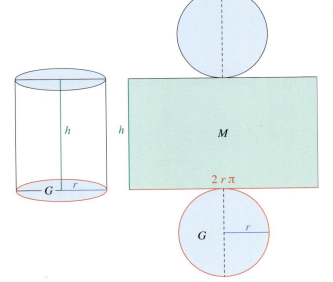

MATHEMATIK

# GEOMETRIE

## Gerader Kreiskegel

$s = \sqrt{r^2 + h^2}$

$\tan\frac{\varphi}{2} = \frac{r}{h}$

$\alpha = \frac{r}{s} \cdot 360°$

$M = \frac{\alpha}{360°} s^2 \pi$

$M = r s \pi$

$O = G + M$

$O = r^2 \pi + \frac{\alpha}{360°} \cdot s^2 \pi$

$O = r^2 \pi + r s \pi$

$V = \frac{1}{3} G \cdot h$

$V = \frac{1}{3} r^2 \pi h$

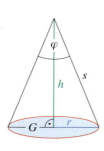
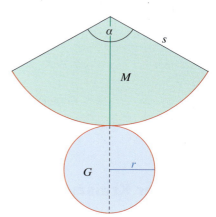

## Kugel

$O = 4 r^2 \pi$

$V = \frac{4}{3} r^3 \pi$

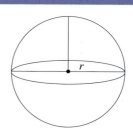

# VEKTOREN

$\vec{v} = \begin{pmatrix} v_x \\ v_y \end{pmatrix}$  $v_x$: x-Koordinate des Vektors $\vec{v}$
$v_y$: y-Koordinate des Vektors $\vec{v}$

**Definition**

Die Menge aller gleich langen, parallelen und gleich gerichteten Pfeile heißt **Vektor**. Jeder dieser Pfeile ist ein Repräsentant des Vektors.
Der Repräsentant mit dem Fuß im Ursprung heißt Ortspfeil bzw. Ortsvektor.

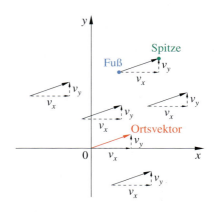

**Berechnung der Vektorkoordinaten**

Spitze minus Fuß

$\vec{v} = \begin{pmatrix} x_B - x_A \\ y_B - y_A \end{pmatrix}$

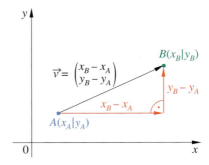

# VEKTOREN

## Betrag eines Vektors

$|\vec{v}| = \sqrt{v_x^2 + v_y^2}$

$|\vec{v}| = \sqrt{(x_B - x_A)^2 + (y_B - y_A)^2}$ mit $A(x_A|y_A)$ $B(x_B|y_B)$

Länge der Strecke $[AB]$: $\overline{AB} = \sqrt{(x_B - x_A)^2 + (y_B - y_A)^2}$ LE

## Vektoraddition

$\vec{a} \oplus \vec{b} = \vec{c}$

$\begin{pmatrix} a_x \\ a_y \end{pmatrix} \oplus \begin{pmatrix} b_x \\ b_y \end{pmatrix} = \begin{pmatrix} a_x + b_x \\ a_y + b_y \end{pmatrix}$

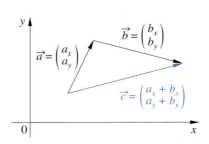

## Rechengesetze bei der Vektoraddition

① Kommutativgesetz: $\vec{a} \oplus \vec{b} = \vec{b} \oplus \vec{a}$

② Assoziativgesetz: $(\vec{a} \oplus \vec{b}) \oplus \vec{c} = \vec{a} \oplus (\vec{b} \oplus \vec{c})$

## S-Multiplikation

(Multiplikation eines Vektors mit einer Zahl)

Das Produkt $k \cdot \vec{a}$ ($k \in \mathbb{R} \setminus \{0\}$) ist ein Vektor, der durch zentrische Streckung des Vektors $\vec{a}$ mit dem Streckungsfaktor $k$ hervorgeht.

$k \cdot \begin{pmatrix} a_x \\ a_y \end{pmatrix} = \begin{pmatrix} k \cdot a_x \\ k \cdot a_y \end{pmatrix}$

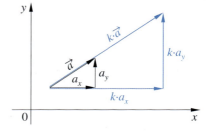

# VEKTOREN

**Sonderfall:**

$(-1) \cdot \vec{v}$ heißt Gegenvektor zum Vektor $\vec{v}$.

**Rechengesetze der S-Multiplikation**

① Assoziativgesetz $\quad (k \cdot m) \cdot \vec{a} = k \cdot (m \cdot \vec{a})$

② Distributivgesetze $\quad k \cdot (\vec{a} \oplus \vec{b}) = k \cdot \vec{a} \oplus k \cdot \vec{b}$

$\qquad\qquad\qquad\qquad (k + m) \cdot \vec{a} = k \cdot \vec{a} \oplus m \cdot \vec{a}$

**Skalarprodukt**

$\vec{a} \odot \vec{b} = \begin{pmatrix} a_x \\ a_y \end{pmatrix} \odot \begin{pmatrix} b_x \\ b_y \end{pmatrix} = a_x \cdot b_x + a_y \cdot b_y$

$\vec{a} \odot \vec{b} = |\vec{a}| \cdot |\vec{b}| \cdot \cos \varphi$

$\Rightarrow \cos \varphi = \dfrac{\vec{a} \odot \vec{b}}{|\vec{a}| \cdot |\vec{b}|} \quad (|\vec{a}| \neq 0 \wedge |\vec{b}| \neq 0)$

$\cos \varphi = \dfrac{a_x \cdot b_x + a_y \cdot b_y}{\sqrt{a_x^2 + a_y^2} \cdot \sqrt{b_x^2 + b_y^2}}$

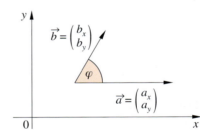

($\varphi$ ist der von den Vektoren $\vec{a}$ und $\vec{b}$ eingeschlossene Winkel.)

**Rechengesetze beim Skalarprodukt**

$\vec{a} \odot \vec{b} = \vec{b} \odot \vec{a}$

$k \cdot (\vec{a} \odot \vec{b}) = (k \cdot \vec{a}) \odot \vec{b}$

$\vec{a} \odot (\vec{b} \oplus \vec{c}) = \vec{a} \odot \vec{b} + \vec{a} \odot \vec{c}$

# VEKTOREN

**Orthogonale (zueinander senkrechte) Vektoren**

▶ Orthogonale Geraden S. 21

$$\vec{a} \perp \vec{b} \Leftrightarrow \vec{a} \odot \vec{b} = 0 \quad \left(\vec{a} \neq \begin{pmatrix} 0 \\ 0 \end{pmatrix} \wedge \vec{b} \neq \begin{pmatrix} 0 \\ 0 \end{pmatrix}\right)$$

Drehung von Vektoren um $\pm 90°$

$$\begin{pmatrix} v_x \\ v_y \end{pmatrix} \xrightarrow{\varphi = +90°} \begin{pmatrix} -v_y \\ v_x \end{pmatrix}$$

$$\begin{pmatrix} v_x \\ v_y \end{pmatrix} \xrightarrow{\varphi = -90°} \begin{pmatrix} v_y \\ -v_x \end{pmatrix}$$

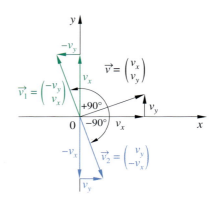

# ABBILDUNGEN

Alle Urpunkte $P(x|y)$ der Ebene werden auf die Bildpunkte $P'(x'|y')$ abgebildet.
$(x|y); (x'|y') \in \mathbb{R} \times \mathbb{R}$

$P \longmapsto P'$

**Multiplikation eines Vektors mit einer Matrix**

$$\begin{pmatrix} a & b \\ c & d \end{pmatrix} \odot \begin{pmatrix} x \\ y \end{pmatrix} = \begin{pmatrix} a \cdot x + b \cdot y \\ c \cdot x + d \cdot y \end{pmatrix}$$

## Achsenspiegelung

$P \xrightarrow{a} P'$   $a$: Spiegelachse

**Abbildungsvorschrift**

① Alle Punkte auf der Spiegelachse sind Fixpunkte ($F = F'$).
② Die Verbindungsstrecken vom Urpunkt $P (P \notin a)$ und dem zugehörigen Bildpunkt $P'$ werden von der Spiegelachse halbiert und stehen auf der Spiegelachse senkrecht.

**Eigenschaften:** längentreu, winkeltreu, geradentreu, kreistreu

**Fixpunktgerade:** Spiegelachse

**Fixgeraden:** Senkrechte zur Spiegelachse

**Abbildungsgleichung der Achsenspiegelung an einer Ursprungsgeraden**

$$\begin{pmatrix} x' \\ y' \end{pmatrix} = \begin{pmatrix} \cos 2\varphi & \sin 2\varphi \\ \sin 2\varphi & -\cos 2\varphi \end{pmatrix} \odot \begin{pmatrix} x \\ y \end{pmatrix}$$

$\Leftrightarrow \begin{vmatrix} x' = x \cdot \cos 2\varphi + y \cdot \sin 2\varphi \\ \wedge\; y' = x \cdot \sin 2\varphi - y \cdot \cos 2\varphi \end{vmatrix}$

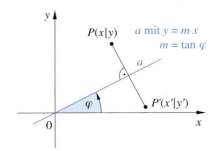

$a$ mit $y = m\,x$
$m = \tan \varphi$

# ABBILDUNGEN

## Drehung

$P \xrightarrow{D;\varphi} P'$  $D$: Drehzentrum
$\varphi$: Maß des Drehwinkels
($\varphi > 0$: Drehung gegen den Uhrzeigersinn
$\varphi < 0$: Drehung im Uhrzeigersinn)

**Abbildungsvorschrift**

① Das Drehzentrum $D$ ist Fixpunkt ($D = D'$).
② Die Verbindungsstrecken $[PD]$ von Urpunkt $P$ ($P \neq D$) und Drehzentrum $D$ und $[P'D]$ vom zugehörigen Bildpunkt $P'$ und Drehzentrum $D$ sind gleich lang und schließen den Drehwinkel ein.

**Eigenschaften:** längentreu, winkeltreu, geradentreu, kreistreu

**Abbildungsgleichung einer Drehung um $D(0|0)$ mit dem Drehwinkel $\varphi$**

$$\begin{pmatrix} x' \\ y' \end{pmatrix} = \begin{pmatrix} \cos\varphi & -\sin\varphi \\ \sin\varphi & \cos\varphi \end{pmatrix} \odot \begin{pmatrix} x \\ y \end{pmatrix}$$

$\Leftrightarrow \begin{array}{l} x' = x \cdot \cos\varphi - y \cdot \sin\varphi \\ \wedge\, y' = x \cdot \sin\varphi + y \cdot \cos\varphi \end{array}$

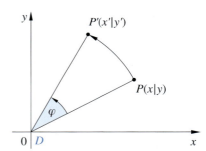

**Sonderfall**

Drehung um $|\varphi| = 180°$ ▶ Punktspiegelung S. 63

# ABBILDUNGEN

## Punktspiegelung

$P \xrightarrow{Z} P'$   $Z$: Spiegelzentrum

**Abbildungsvorschrift**

① Das Spiegelzentrum $Z$ ist Fixpunkt ($Z = Z'$).
② Die Verbindungsstrecken $[PP']$ vom Urpunkt $P (P \neq Z)$ und dem zugehörigen Bildpunkt $P'$ werden vom Zentrum $Z$ halbiert.
$\overrightarrow{ZP'} = \overrightarrow{PZ}$

**Eigenschaften:** längentreu, winkeltreu, geradentreu, kreistreu

**Fixgeraden:** Geraden durch das Spiegelzentrum

**Abbildungsgleichung einer Punktspiegelung mit dem Spiegelzentrum $Z(0|0)$**

$$\begin{pmatrix} x' \\ y' \end{pmatrix} = \begin{pmatrix} -1 & 0 \\ 0 & -1 \end{pmatrix} \odot \begin{pmatrix} x \\ y \end{pmatrix}$$

$\Leftrightarrow \begin{vmatrix} x' = -x \\ \wedge\ y' = -y \end{vmatrix}$

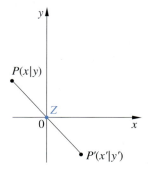

# ABBILDUNGEN

## Parallelverschiebung

▶ Vektoren S. 57–58

$P \xrightarrow{\vec{v}} P'$   $\vec{v}$: Verschiebungsvektor

### Abbildungsvorschrift

Die Pfeile $\overrightarrow{PP'}$ mit Urpunkt $P$ als Fuß und dem zugehörigen Bildpunkt $P'$ als Spitze bilden den Verschiebungsvektor $\vec{v}$.

$\overrightarrow{PP'} = \vec{v}$

**Eigenschaften:** längentreu, winkeltreu, geradentreu, kreistreu

**Fixgeraden:** Geraden in Richtung des Verschiebungsvektors

**Abbildungsgleichung einer Parallelverschiebung mit dem Verschiebungsvektor** $\vec{v} = \begin{pmatrix} v_x \\ v_y \end{pmatrix}$   $v_x, v_y \in \mathbb{R}$

$\begin{pmatrix} x' \\ y' \end{pmatrix} = \begin{pmatrix} x \\ y \end{pmatrix} \oplus \begin{pmatrix} v_x \\ v_y \end{pmatrix}$

$\Leftrightarrow \begin{vmatrix} x' = x + v_x \\ \wedge\, y' = y + v_y \end{vmatrix}$

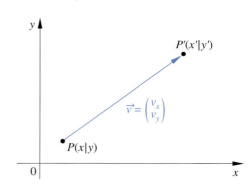

# ABBILDUNGEN

## Zentrische Streckung

▶ S-Multiplikation S. 58
▶ Vierstreckensatz S. 44

$P \xrightarrow{Z;\, k} P'$   $Z$: Streckungszentrum   $k$: Streckungsfaktor ($k \in \mathbb{R} \setminus \{0\}$)

### Abbildungsvorschrift

① Das Streckungszentrum $Z$ ist Fixpunkt ($Z = Z'$).
② Das Streckungszentrum $Z$, der Urpunkt $P$ ($P \neq Z$) und der zugehörige Bildpunkt $P'$ liegen auf einer Geraden und es gilt $\overrightarrow{ZP'} = k \cdot \overrightarrow{ZP}$.

**Eigenschaften:** verhältnistreu, winkeltreu, geradentreu, kreistreu

– Bei Geraden, die nicht durch $Z$ verlaufen, sind Ur- und Bildgerade zueinander parallel.
– Für die Flächeninhalte der Ur- und Bildfigur gilt:   $A' = k^2 \cdot A$

| $k > 0$ | $k < 0$ |
|---|---|
| (Darstellung: $Z$, $\overrightarrow{ZP}$, $P$, $k\cdot\overrightarrow{ZP}$, $P'$) | (Darstellung: $P$, $\overrightarrow{ZP}$, $Z$, $k\cdot\overrightarrow{ZP}$, $P'$) |
| $P$ und $P'$ liegen auf einer Seite von $Z$ aus. | $Z$ liegt zwischen $P$ und $P'$. |

### Abbildungsgleichung einer zentrischen Streckung mit dem Streckungszentrum $Z(0|0)$ und dem Streckungsfaktor $k$

$\overrightarrow{ZP'} = k \cdot \overrightarrow{ZP}$

$\begin{pmatrix} x' \\ y' \end{pmatrix} = k \cdot \begin{pmatrix} x \\ y \end{pmatrix} \Leftrightarrow \begin{pmatrix} x' \\ y' \end{pmatrix} = \begin{pmatrix} k & 0 \\ 0 & k \end{pmatrix} \odot \begin{pmatrix} x \\ y \end{pmatrix}$

$\Leftrightarrow \begin{array}{l} x' = kx \\ \wedge\; y' = ky \end{array}$

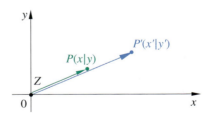

### Sonderfall

$k = -1 \rightarrow$ Punktspiegelung mit Spiegelzentrum $Z$

# ABBILDUNGEN

## Orthogonale Affinität

$P \xrightarrow{s;\,k} P'$   $s$: Affinitätsachse   $k$: Affinitätsfaktor ($k \neq 0$)

**Abbildungsvorschrift**
① Alle Punkte auf der Affinitätsachse sind Fixpunkte ($F = F'$).
② Ist $F$ der Fußpunkt des Lotes $[PF]$ von $P$ ($P \notin s$) auf die Affinitätsachse $s$, so gilt $\overrightarrow{FP'} = k \cdot \overrightarrow{FP}$.

**Eigenschaften:** geradentreu, teilverhältnistreu

**Fixpunktgerade:** Affinitätsachse

**Fixgeraden:** Senkrechte zur Affinitätsachse

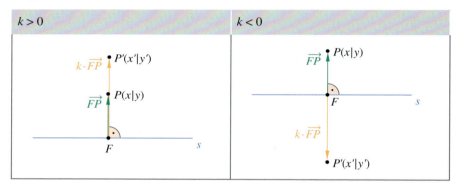

**Abbildungsgleichung einer orthogonalen Affinität mit der $x$-Achse als Affinitätsachse und dem Affinitätsfaktor $k$**

$\begin{pmatrix} x' \\ y' \end{pmatrix} = \begin{pmatrix} 1 & 0 \\ 0 & k \end{pmatrix} \odot \begin{pmatrix} x \\ y \end{pmatrix}$

$\Leftrightarrow \left| \begin{array}{l} x' = x \\ \wedge\; y' = k \cdot y \end{array} \right.$

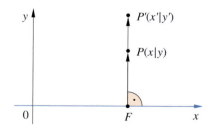

# DATEN UND ZUFALL
## Grundbegriffe der Stochastik

| Ergebnis (Elementarereignis) | Möglicher Versuchsausgang eines Zufallsversuchs |
|---|---|
| Zufallsexperiment (Zufallsversuch) | Versuch mit zufälligem Ergebnis. Der Versuch besitzt mindestens zwei mögliche Ergebnisse, von denen bei jeder Versuchsdurchführung genau eines erzielt wird. Mögliche Ergebnisse: $x_1; x_2; ...; x_n$ |
| Ergebnisraum $\Omega$ (Ergebnismenge) | Menge aller möglichen Ergebnisse, die zu einem Versuch mit zufälligem Ergebnis gehören. $\Omega = \{x_1; x_2; ...; x_n\}$ |
| Ereignis $A$ | Jede Teilmenge $A$ von $\Omega$ heißt eine zu diesem Zufallsexperiment gehörendes Ereignis ($A \subseteq \Omega$). Jedes der Ergebnisse von $A$ ist **günstig** für das Ereignis $A$. Das Ereignis $A$ tritt ein, wenn das Zufallsexperiment mit einem Ergebnis aus dem Ereignis $A$ endet. |
| sicheres Ereignis | Das Ereignis tritt bei jeder Durchführung des Zufallsexperiments ein. |
| unmögliches Ereignis | Das Ereignis tritt bei der Durchführung des Zufallsexperiments niemals ein. |
| Gegenereignis $\overline{A}$ | Zu jedem Ereignis $A$ gibt es ein Gegenereignis $\overline{A}$, zu dem alle die Ergebnisse gehören, die **nicht zu $A$** gehören. $\overline{A}$ tritt genau dann ein, wenn $A$ nicht eintritt. |
| absolute Häufigkeit $H_n(x_i)$ eines Ergebnisses $x_i$ | Sie gibt an, wie oft ein bestimmtes Ergebnis $x_i$ bei $n$ Versuchsdurchführungen auftrat. |
| relative Häufigkeit $h_n(x_i)$ eines Ergebnisses $x_i$ | Quotient aus absoluter Häufigkeit $H_n(x_i)$ des Ergebnisses und der Anzahl $n$ der Versuchsdurchführungen $$h_n(x_i) = \frac{H_n(x_i)}{n}$$ |

# DATEN UND ZUFALL

| | |
|---|---|
| relative Häufigkeit $h_n(A)$ eines Ereignisses $A$ | Quotient aus der Anzahl $k$ des Eintretens eines Ereignisses $A$ und der Anzahl $n$ der Versuchsdurchführungen $$h_n(A) = \frac{k}{n}$$ Die relative Häufigkeit eines Ereignisses ist gleich der Summe der relativen Häufigkeiten der einzelnen Ergebnisse aus $A$. |
| Wahrscheinlichkeit $P(A)$ | Wird ein Zufallsexperiment sehr oft durchgeführt, so nähern sich die Werte der relativen Häufigkeiten für die einzelnen Ergebnisse einem stabilen Wert $P(A)$, der Wahrscheinlichkeit von $A$. Es gilt immer $0 \leq P(A) \leq 1$ |
| Wahrscheinlichkeit des *sicheren* Ereignisses | $P(\Omega) = 1$ |
| Wahrscheinlichkeit des *unmöglichen* Ereignisses | $P(\overline{\Omega}) = 0$ |
| Wahrscheinlichkeit des *Gegenereignisses* | $P(\overline{A}) = 1 - P(A)$ |
| Wahrscheinlichkeit eines Ereignisses $A$, für das die Ergebnisse $a_1, a_2, ..., a_k$ günstig sind | $P(A) = P(a_1) + P(a_2) + ... + P(a_k)$ |
| Laplace-Wahrscheinlichkeit | Bei einem Laplace-Experiment sind alle Ergebnisse gleich wahrscheinlich. $$P(A) = \frac{\text{Anzahl der für } A \text{ günstigen Ergebnisse}}{\text{Anzahl der Ergebnisse in } \Omega}$$ |

**G**

# Statistische Kenngrößen

| | |
|---|---|
| arithmetisches Mittel $\bar{x}$ (Mittelwert, Durchschnitt) | Quotient aus der Summe aller Werte und deren Anzahl $n$ $$\bar{x} = \frac{x_1 + x_2 + \ldots + x_n}{n}$$ |
| Zentralwert $z$ (Median) | Wert in der Mitte einer der Größe nach geordneten Messreihe. Bei einer geraden Anzahl von Werten wird aus den beiden in der Mitte stehenden Werten das arithmetische Mittel gebildet. |
| Modalwert $m$ | Der am häufigsten beobachtete Wert. In einer Messreihe können mehrere Modalwerte vorkommen. |
| Spannweite $d$ (Schwankungsbreite) | Differenz aus dem größten und dem kleinsten Wert der Messreihe $$d = x_{max.} - x_{min.}$$ |
| mittlere Abweichung $a$ | Arithmetisches Mittel aller absoluten Streuungswerte. Streuungswert: Betrag der Differenz aus Ergebnis und Mittelwert $$a = \frac{|x_1 - \bar{x}| + |x_2 - \bar{x}| + \ldots + |x_n - \bar{x}|}{n}$$ |
| Varianz $s^2$ (mittlere quadratische Abweichung) | Maß für die Streuung der Beobachtungswerte (Messwerte) um den Mittelwert $\bar{x}$. Arithmetisches Mittel aller quadrierten absoluten Streuungswerte $$s^2 = \frac{(x_1 - \bar{x})^2 + (x_2 - \bar{x})^2 + \ldots + (x_n - \bar{x})^2}{n}$$ |
| Standardabweichung $s$ | Sie ist ein Streuungsmaß. Die Einheit der Standardabweichung ist gleich der Einheit der Messwerte. Wurzel aus der Varianz $$s = \sqrt{s^2}$$ |

# DATEN UND ZUFALL

## Mehrstufige Zufallsversuche

Mit Baumdiagrammen können Ergebnisse von mehrstufigen Zufallsversuchen übersichtlich dargestellt werden.
Für jeden Teilvorgang verzweigt sich das Diagramm in so viele Äste, wie es Ergebnisse für diesen Teilvorgang gibt. Jeder Pfad in einem Baumdiagramm entspricht einem Ergebnis des mehrstufigen Zufallsexperiments.

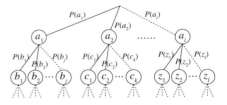

| Knotenregel | Die Summe der Wahrscheinlichkeiten aller Zweige, die von einem Knoten ausgehen, beträgt 1. |
|---|---|
| 1. Pfadregel (Produktregel) | Die Wahrscheinlichkeit eines Ergebnisses ist gleich dem Produkt der Wahrscheinlichkeiten entlang des Pfades im Baumdiagramm. |
| 2. Pfadregel (Summenregel) | Die Wahrscheinlichkeit eines Ereignisses ist gleich der Summe der Wahrscheinlichkeiten der Ergebnisse der Pfade im Baumdiagramm, die zu diesem Ereignis gehören. |

## Kombinatorik

| Anzahl der Anordnungen einer Menge aus $n$ Elementen (Permutation) | Es gibt $n!$ (sprich: $n$ Fakultät) Möglichkeiten, $n$ verschiedene Elemente anzuordnen. $n! = 1 \cdot 2 \cdot 3 \cdot \ldots \cdot n$ ($0! = 1$) |
|---|---|
| Ziehen von $k$ Elementen aus $n$ Elementen mit Zurücklegen (Kombination mit Wiederholung) | Es gibt $n^k$ Möglichkeiten. |
| Ziehen von $k$ Elementen aus $n$ Elementen ohne Zurücklegen (Kombination ohne Wiederholung) | Es gibt $\frac{n!}{(n-k)! \cdot k!}$ Möglichkeiten. |

# PHYSIKALISCHE GRÖSSEN

## Vielfache und Teile von Einheiten

| Vorsatz | Giga- | Mega- | Kilo- | Hekto- | Deka- | Dezi- | Zenti- | Milli- | Mikro- | Nano- | Piko- |
|---|---|---|---|---|---|---|---|---|---|---|---|
| Vorsatzzeichen | G | M | k | h | D | d | c | m | µ | n | p |
| Faktor, mit dem die Einheit multipliziert wird | $10^9$ | $10^6$ | $10^3$ | $10^2$ | $10^1$ | $10^{-1}$ | $10^{-2}$ | $10^{-3}$ | $10^{-6}$ | $10^{-9}$ | $10^{-12}$ |

## Grundgrößen, Basiseinheiten

| Größe | Symbol (Formelzeichen) | Einheit | Weitere Einheiten | Beziehungen, Formel, Gleichung |
|---|---|---|---|---|
| **Länge** <br> Weg | $l$ <br> $s$ | 1 Meter  1 m | | |
| **Masse** | $m$ | 1 Kilogramm  1 kg | 1 Gramm  1 g <br> 1 Tonne  1 t | $m = \varrho \cdot V$ <br> $\varrho$ ▶ Tab. S. 88 |
| **Kraft** <br> Gewichtskraft | $\vec{F}$ [1] <br> $\vec{F}_G$ [1] <br> [1] $|\vec{F}| = F$ | 1 Newton  1 N | | $F_G = m \cdot g$ <br> $\left(g = 9{,}81\,\dfrac{N}{kg}\right)$ |
| **Zeit** | $t$ | 1 Sekunde  1 s | 1 Minute  1 min <br> 1 Stunde  1 h <br> 1 Tag  1 d <br> 1 Jahr  1 a | |
| **Temperatur** | $T$ <br> $\vartheta$ (Theta) | 1 Kelvin  1 K <br> 1 Grad Celsius  1 °C | | 0 K ≙ −273,15 °C <br> 0 °C ≙ 273,15 K |
| **elektrische Ladung** | $Q$ | 1 Coulomb  1 C | 1 Amperesekunde  1 As | 1 C = 1 As |

## Abgeleitete Größen und Einheiten

| Größe | Symbol (Formelzeichen) | Einheit | | Weitere Einheiten | | Beziehungen, Formel, Gleichung |
|---|---|---|---|---|---|---|
| **Fläche** Querschnittsfläche | $A$ | 1 Quadratmeter | $1\,m^2$ | 1 Ar<br>1 Hektar | 1 a<br>1 ha | $1\,a = 100\,m^2$<br>$1\,ha = 100\,a$<br>$\quad = 10000\,m^2$<br>▶ Math. S. 45–51 |
| **Volumen** | $V$ | 1 Kubikmeter | $1\,m^3$ | 1 Liter | 1 l | $1\,l = 1\,dm^3$<br>$\quad = 0{,}001\,m^3$<br>▶ Math. S. 53–56 |
| **Dichte** | $\varrho$ (Rho) | | $1\,\frac{g}{cm^3}$ | 1 Kilogramm durch Kubikdezimeter | $1\,\frac{kg}{dm^3}$ | $1\,\frac{g}{cm^3} = 1\,\frac{kg}{dm^3}$<br>$\quad = 1\,\frac{t}{m^3}$<br>$\varrho = \frac{m}{V}$<br>$\varrho$ ▶ Tab. S. 88 |
| **Ortsfaktor** | $g$ | | $1\,\frac{N}{kg}$ | | | $g = \frac{F_g}{m}$<br>$g$ ▶ Tab. S. 89 |
| **Druck** | $p$ | 1 Pascal | 1 Pa | 1 Bar<br>1 Millibar<br>1 Hektopascal | 1 bar<br>1 mbar<br>1 hPa | $1\,Pa = 1\,\frac{N}{m^2}$<br>$1\,bar = 10^5\,Pa$<br>$\quad = 1000\,mbar$<br>$1\,mbar = 1\,hPa$<br>$\quad = 10^2\,Pa$<br>$\quad = 100\,Pa$<br>$p = \frac{F}{A}$<br>Wirkungslinie von $F$ senkrecht zu $A$ |

## PHYSIKALISCHE GRÖSSEN

| Größe | Symbol (Formelzeichen) | Einheit | Weitere Einheiten | Beziehungen, Formel, Gleichung |
|---|---|---|---|---|
| **Drehmoment** | $M$ | 1 Newtonmeter  1 Nm | | $M = F \cdot a$<br>$a$: Hebelarm senkrecht zu $F$ |
| **Frequenz** | $f$ | 1 Hertz  1 Hz | 1 Kilohertz  1 kHz | $1\,\text{Hz} = \frac{1}{\text{s}}$<br>$f = \frac{n}{t}$<br>$n$: Anzahl der Schwingungen |
| **Schallpegel** | $L_A$ | 1 dB (A) | 1 Dezibel-A | ▶ Tab. S. 89 |
| **Geschwindigkeit** | $\vec{v}$<br>$|\vec{v}| = v$ | $1\,\frac{\text{m}}{\text{s}}$ | 1 Kilometer durch Stunde  $1\,\frac{\text{km}}{\text{h}}$ | $1\,\frac{\text{km}}{\text{h}} \approx 0{,}278\,\frac{\text{m}}{\text{s}}$<br>$1\,\frac{\text{m}}{\text{s}} \approx 3{,}6\,\frac{\text{km}}{\text{h}}$<br>$v = \frac{s}{t}$<br>wenn bei $t = 0\,\text{s}$ auch $s = 0\,\text{m}$ |
| **spezifische Wärmekapazität** | $c$ | $1\,\frac{\text{kJ}}{\text{kg}\cdot\text{K}}$; $1\,\frac{\text{kJ}}{\text{kg}\cdot°\text{C}}$ | | $c = \frac{W}{m \cdot \Delta\vartheta}$<br>▶ Tab. S. 91 |

## PHYSIKALISCHE GRÖSSEN

| Größe | Symbol (Formelzeichen) | Einheit | | Weitere Einheiten | | Beziehungen, Formel, Gleichung |
|---|---|---|---|---|---|---|
| **Brechkraft** | $D$ | 1 Dioptrie | 1 dpt | | | $1 \text{ dpt} = \frac{1}{\text{m}}$ <br> $D = \frac{1}{f}$ <br> $f$: Brennweite |
| **elektrische Stromstärke** | $I$ | 1 Ampere | 1 A | | | $1 \text{ A} = \frac{1 \text{ C}}{1 \text{ s}}$ <br> $I = \frac{Q}{t}$ |
| **elektrische Spannung** | $U$ | 1 Volt | 1 V | | | $1 \text{ V} = 1 \frac{\text{W}}{\text{A}}$ <br> $= 1 \frac{\text{Ws}}{\text{As}} = 1 \frac{\text{J}}{\text{C}}$ <br> $U = \frac{P}{I} = \frac{W}{Q}$ |
| **elektrischer Widerstand** | $R$ | 1 Ohm | 1 Ω | | | $1 \text{ Ω} = 1 \frac{\text{V}}{\text{A}}$ <br> $R = \frac{U}{I}$ |
| **elektrischer Leitwert** | $G$ | 1 Siemens | 1 S | | | $1 \text{ S} = \frac{1}{\text{Ω}} = 1 \frac{\text{A}}{\text{V}}$ <br> $G = \frac{I}{U}$ |
| **Arbeit Energie** | $W$ <br> $E$ | 1 Joule | 1 J | 1 Newtonmeter <br> 1 Wattsekunde <br> 1 Kilowattstunde | 1 Nm <br> 1 Ws <br> 1 kWh | $1 \text{ J} = 1 \text{ Nm}$ <br> $= 1 \text{ Ws}$ <br> $= 1 \frac{\text{kg m}^2}{\text{s}^2}$ <br> $1 \text{ kWh} = 3{,}6 \text{ MJ}$ <br> $W_{\text{mech}} = F \cdot s$ <br> $(F \parallel s)$ <br> $W_{\text{th}} = c \cdot m \cdot \Delta \vartheta$ <br> $W_{\text{elektr.}} = U \cdot I \cdot t$ |

## PHYSIKALISCHE GRÖSSEN

| Größe | Symbol (Formelzeichen) | Einheit | Weitere Einheiten | Beziehungen, Formel, Gleichung |
|---|---|---|---|---|
| **Energiestrom Leistung** | $P$ | 1 Watt 1 W | | $1\,W = 1\,\frac{Nm}{s}$ <br> $= 1\,\frac{J}{s} = 1\,V \cdot A$ <br> $P = \frac{W}{t}$ <br> $P_{el} = U \cdot I$ |
| **Aktivität** | $A$ | 1 Becquerel 1 Bq | | $1\,Bq = \frac{1}{s}$ <br> $A = \frac{n}{\Delta t}$ <br> $n$: Anzahl der Zerfälle <br> $\Delta t$: Zeitintervall |
| **Energiedosis** | $D$ | 1 Gray 1 Gy | | $1\,Gy = 1\,\frac{J}{kg}$ <br> $D = \frac{E}{m}$ <br> $E$: Absorbierte Energie <br> $m$: Masse des absorbierenden Körpers |
| **Äquivalentdosis** | $H$ | 1 Sievert 1 Sv | | $1\,Sv = 1\,\frac{J}{kg}$ <br> $H = D \cdot q$ <br> $q$: biolog. Wirkungsfaktor <br> ▶ Tab. S. 92 |

# AUSWAHL PHYSIKALISCHER GESETZMÄSSIGKEITEN
## Optik

### Reflexionsgesetz

Einfallswinkel $\varepsilon$
= Reflexionswinkel $\varepsilon'$

Der einfallende Lichtstrahl, das Einfallslot und der reflektierte Lichtstrahl liegen in einer Ebene.

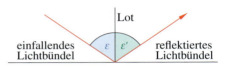

### Brechungsgesetz

Für die Brechung vom optisch dünneren in das optisch dichtere Medium gilt:
$\varepsilon > \beta$
(Einfallswinkel > Brechungswinkel)

Für die Brechung vom optisch dichteren in das optisch dünnere Medium gilt:
$\varepsilon < \beta$
(Einfallswinkel < Brechungswinkel)

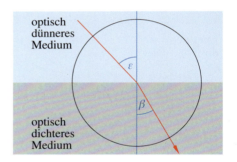

### Totalreflexion

Totalreflexion tritt ein, wenn der Einfallswinkel des austretenden Strahls größer als der Grenzwinkel ist.

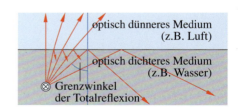

# AUSWAHL PHYSIKALISCHER GESETZMÄSSIGKEITEN

## Brennpunkt – Brennweite

Achsenparallele Lichtbündel werden so gebrochen, dass sie nach Durchgang durch die Sammellinse alle durch einen Punkt auf der optischen Achse, den Brennpunkt $F$, verlaufen.

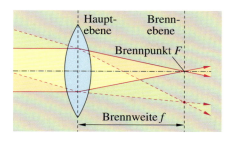

## Optische Abbildung durch Sammellinsen

Von jedem Gegenstandspunkt fällt ein Lichbündel auf die Sammellinse. Es läuft nach der Linse wieder in einem Punkt, dem Bildpunkt, zusammen.

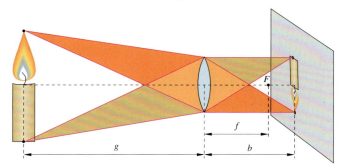

Je größer die Gegenstandsweite, desto kleiner ist die Bildweite.

| Gegenstandsweite | Bildweite | Bildeigenschaften |
|---|---|---|
| $g > 2f$ | $2f > b > f$ | verkleinert, umgekehrt, seitenverkehrt, reell |
| $g = 2f$ | $b = 2f$ | gleich groß, umgekehrt, seitenverkehrt, reell |
| $f < g < 2f$ | $b > 2f$ | vergrößert, umgekehrt, seitenverkehrt, reell |
| $g = f$ | – | kein reelles Bild |
| $g < f$ | – | kein reelles Bild (Auge sieht virtuelles Bild, aufrecht und vergrößert) |

PHYSIK

# AUSWAHL PHYSIKALISCHER GESETZMÄSSIGKEITEN

## Kräfte

### Kraftwandler

#### Hebel

Gleichgewichtsbedingung:

$$F_1 \cdot a_1 + F_2 \cdot a_2 + \ldots = F_3 \cdot a_3 + F_4 \cdot a_4 \ldots$$

$$M_{l1} + M_{l2} + \ldots = M_{r1} + M_{r2} \ldots$$

$M_{rn}$: rechtsdrehende Drehmomente
$M_{ln}$: linksdrehende Drehmomente

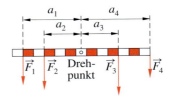

#### Rollen, Flaschenzug

Gleichgewichtsbedingung:

$$F_Z = F_L \quad F_Z = \tfrac{1}{2} F_L \quad F_Z = \tfrac{1}{4} F_L$$

Allgemein: $\quad F_Z = \dfrac{1}{n} \cdot F_L$

$n$ Anzahl der tragenden Seile

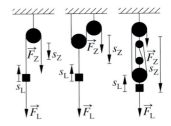

#### Schiefe Ebene

$F_G$ Gewichtskraft
$F_H$ Hangabtriebskraft
$F_N$ Anpresskraft (Normalkraft)

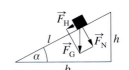

Je größer die Neigung ist, desto größer ist die Hangabtriebskraft.

### Regel für Kraftwandler:

Was man an Kraft spart, muss man an Weg zusetzen.

# AUSWAHL PHYSIKALISCHER GESETZMÄSSIGKEITEN

## Kräfteparallelogramm

Zusammensetzung von Kräften

$\vec{F}_1$ und $\vec{F}_2$: gegebene Kräfte

$\vec{F}_R$: Resultierende, sie hat dieselbe Wirkung wie $\vec{F}_1$ und $\vec{F}_2$ zusammen

Zerlegung einer Kraft

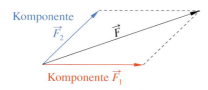

$\vec{F}$: Gegebene Kraft

$\vec{F}_1$ und $\vec{F}_2$: Komponenten, die zusammen dieselbe Wirkung haben wie $\vec{F}$

## Reibung

$$F_R = \mu \cdot F_N$$

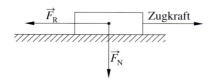

$F_R$: Kraft parallel zu den Reibungsflächen

$\mu$: Reibungszahl, abhängig von den Reibungspartnern und der Art der Reibung ▶ Tab. S. 89

$F_N$: Anpresskraft senkrecht zu der Reibungsfläche

PHYSIK

# AUSWAHL PHYSIKALISCHER GESETZMÄSSIGKEITEN

## Bewegungen

### Gleichförmige Bewegung

**Weg-Zeit-Gesetz**

$s \sim t$
$s = v \cdot t$

$s$: in der Zeit $t$ zurückgelegter Weg
$v$: Geschwindigkeit
$t$: zum Durchlaufen des Weges $s$ benötigte Zeit

### Gleichmäßig beschleunigte Bewegung

**Geschwindigkeit-Zeit-Gesetz**

$v \sim t$

$v$: Geschwindigkeit nach der Zeit t
$t$: Zeit der Einwirkung der beschleunigenden Kraft

**Weg-Zeit-Gesetz**

$s \sim t^2$

$s$: in der Zeit $t$ zurückgelegter Weg
$t$: Zeit der Einwirkung der beschleunigenden Kraft

**Bremsweg**

$s = \frac{1}{2} \cdot v \cdot t$

$s$: Bremsweg
$v$: Anfangsgeschwindigkeit
$t$: Bremszeit

### freier Fall

Geschwindigkeit-Zeit-Gesetz

$v = g \cdot t$  ($g$: Ortsfaktor ▶ S. 89)

Weg-Zeit-Gesetz  $s = \frac{1}{2} \cdot g \cdot t^2$

Normal-Fallbeschleunigung:

$g = 9{,}81 \frac{\text{m}}{\text{s}^2}$

# AUSWAHL PHYSIKALISCHER GESETZMÄSSIGKEITEN

## Flüssigkeiten und Gase

### Kraftübertragung in abgeschlossenen Flüssigkeiten – hydraulisches Prinzip

Kräftegleichgewicht

$$p_1 = p_2$$

$$\frac{F_1}{F_2} = \frac{A_1}{A_2}$$

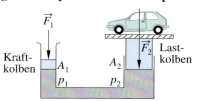

### Schweredruck in ruhenden offenen Flüssigkeiten

$$p = \varrho \cdot g \cdot h$$

$p$: Druck in der Tiefe $h$
$\varrho$: Dichte der Flüssigkeit ▶ S. 88
$g$: Ortsfaktor $\left(9{,}81 \frac{N}{kg}\right)$
$h$: Höhe der Flüssigkeitssäule

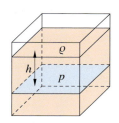

### Auftrieb in Flüssigkeiten und Gasen

$$F_A = g \cdot \varrho \cdot V$$

$F_A$: Auftriebskraft
$g$: Ortsfaktor $\left(9{,}81 \frac{N}{kg}\right)$
$\varrho$: Dichte der Flüssigkeit oder des Gases
   ▶ S. 88
$V$: Volumen des vom Körper verdrängten Gases oder der Flüssigkeit

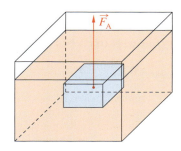

| Sinken | Schweben | Steigen |
|---|---|---|
| $F_A < F_{G,K}$ | $F_A = F_{G,K}$ | $F_A > F_{G,K}$ |
| $\varrho_{Fl} < \varrho_K$ | $\varrho_{Fl} = \varrho_K$ | $\varrho_{Fl} > \varrho_K$ |

PHYSIK

# AUSWAHL PHYSIKALISCHER GESETZMÄSSIGKEITEN

## Zusammenfassung von Druck und Volumen in Gasen

### Gesetz von Boyle Mariotte

Bei *gleichbleibender* Temperatur gilt für ein abgeschlossenes Gasvolumen:

$V_1 \cdot p_1 = V_2 \cdot p_2$  bzw.  $V \cdot p = \text{konstant}$   ▶ auch allgemeines Gasgesetz S. 83

## Wärmelehre

### Thermisch zugeführte oder abgegebene Energie

$W_{th} = c \cdot m \cdot \Delta\vartheta$   Erwärmungsgesetz

$W_{th}$: thermisch zugeführte oder entzogene Energie
$c$: spezifische Wärmekapazität des Stoffes des Körpers
▶ Tab. S. 91

$$c = \frac{W_{th}}{m \cdot \Delta\vartheta} \text{ in } \frac{kJ}{kg \cdot K}$$

$m$: Masse des Körpers
$\Delta\vartheta$: durch die Energie bewirkte Temperaturdifferenz

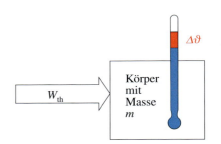

### Energieaustausch bei unterschiedlichen Temperaturen

$W_{th\,(ab)} + W_{th\,(auf)} = 0$

$W_{th\,(ab)}$: vom wärmeren Körper abgegebene Energie (negatives Vorzeichen)
$W_{th\,(auf)}$: vom kälteren Körper aufgenommene Energie (positives Vorzeichen)

PHYSIK

# AUSWAHL PHYSIKALISCHER GESETZMÄSSIGKEITEN

## Thermisch bewirkte Längenänderung fester Körper

$$\Delta l = \alpha \cdot l_0 \cdot \Delta \vartheta$$

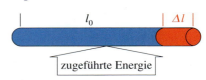

$l_0$: Anfangslänge
$\alpha$: Längenausdehnungskoeffizient
▶ Tab. S. 91

$$\alpha = \frac{\Delta l}{l_0 \cdot \Delta \vartheta} \text{ in } \frac{mm}{m \cdot K} \text{ oder } \frac{mm}{m \cdot °C}$$

## Thermisch bewirkte Volumenänderung fester Körper und Flüssigkeiten

$$\Delta V = \gamma \cdot V_0 \cdot \Delta \vartheta$$

$V_0$: Anfangsvolumen
$\gamma$: Volumenausdehnungskoeffizient feste Körper ▶ Tab. S. 91
   Näherungsweise gilt: $\gamma = 3\alpha$
$\gamma$: Volumenausdehnungskoeffizient Flüssigkeiten ▶ Tab. S. 91

$$\gamma = \frac{\Delta V}{V_0 \cdot \Delta \vartheta} \text{ in } \frac{ml}{l \cdot K} \text{ oder } \frac{cm^3}{dm^3 \cdot °C}$$

## Gasgesetze

Temperaturänderung bei **konstantem Druck**
– Gesetz von Gay-Lussac

$$\Delta V = \frac{1}{273°C} \cdot V_0 \cdot \Delta \vartheta \quad (p = \text{konst.})$$

$V_0$: Volumen bei 0 °C
▶ auch allgemeine Gasgleichung

## Allgemeine Gasgleichung

$$\frac{p_1 \cdot V_1}{T_1} = \frac{p_2 \cdot V_2}{T_2} \quad \text{oder} \quad \frac{p \cdot V}{T} = \text{konst.}$$

Sonderfälle:

| $p$ = konst. | $T$ = konst. |
|---|---|
| Gesetz von Gay-Lussac | Gesetz von Boyle-Mariotte |
| isobare Zustandsänderung | isotherme Zustandsänderung |
| $\frac{V_1}{T_1} = \frac{V_2}{T_2}$ | $p_1 \cdot V_1 = p_2 \cdot V_2$ |
| $V \sim T$ | $p \cdot V = \text{konst.}$ |

PHYSIK

# Elektrizität

**Gesetz von Ohm**

Gilt für einen Leiter $I \sim U$, so sagt man, es gilt für ihn das ohmsche Gesetz.

**Widerstand**

Widerstand und Leiterabmessungen eines Drahtes

$$R = \varrho \cdot \frac{l}{A}$$

$R$: Widerstand des festen Leiters
$\varrho$: spezifischer Widerstand ▶ Tab. S. 92
$l$: Länge des Drahtes
$A$: Querschnittsfläche des Drahtes ▶ Math. S. 51

$$\varrho = \frac{R \cdot A}{l} \quad \text{in} \quad \frac{\Omega \cdot mm^2}{m}$$

Reihenschaltung von Widerständen

$$R_{ges.} = R_1 + R_2 + R_3$$

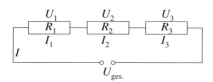

$I = I_1 = I_2 = I_3$

$U_{ges.} = U_1 + U_2 + U_3$

$U_1 : U_2 : U_3 = R_1 : R_2 : R_3$

Für zwei Widerstände: $\dfrac{U_1}{U_2} = \dfrac{R_1}{R_2}$

Parallelschaltung von Widerständen

$$\frac{1}{R_{ges.}} = \frac{1}{R_1} + \frac{1}{R_2} + \frac{1}{R_3}$$

$I_{ges.} = I_1 + I_2 + I_3$

$U = U_1 = U_2 = U_3$

Für zwei Widerstände: $R_{ges.} = \dfrac{R_1 \cdot R_2}{R_1 + R_2}$

$\dfrac{I_1}{I_2} = \dfrac{R_2}{R_1}$

# AUSWAHL PHYSIKALISCHER GESETZMÄSSIGKEITEN

Innenwiderstand einer Spannungsquelle

$U_{bel.} = U_0 - R_i \cdot I$

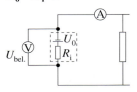

$U_{bel}$: Klemmenspannung bei Belastung der Spannungsquelle
$U_0$: Klemmenspannung bei unbelasteter Spannungsquelle
$R_i$: Innenwiderstand der Spannungsquelle
$I$: Stromstärke im Stromkreis

## Messung von Stromstärke und Spannung

| Strommesser | Spannungsmesser | Stromgenaue Messung | Spannungsgenaue Messung |
|---|---|---|---|
|  |  |  |  |
| in Reihe | parallel | | |

## Messbereichserweiterung bei Strommessern

Schaltung eines Widerstand $R_p$ parallel zum Strommesser mit dem Innenwiderstand $R_i$

$\dfrac{R_p}{R_i} = \dfrac{I_i}{I_p}$ wobei $I_p = I - I_i$

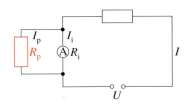

## Messbereichserweiterung bei Spannungsmessern

Schaltung eines Widerstands $R_V$ in Reihe zum Spannungsmesser mit dem Innenwiderstand $R_i$

$\dfrac{R_V}{R_i} = \dfrac{U_V}{U_i}$ wobei $U_V = U - U_i$

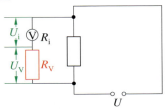

PHYSIK

# AUSWAHL PHYSIKALISCHER GESETZMÄSSIGKEITEN

## Energie

**Mechanische Energieformen**

*Übertragungsformen (Arbeit):*

Hubarbeit $W_{hub} = F_G \cdot h$

$F_G$: Gewichtskraft des Körpers
$h$:   Hubhöhe des Körpers

Reibungsarbeit $W_r = F_R \cdot s$

$F_R$: Reibungskraft parallel zu $s$
$s$:   Weg, entlang dem die Reibungskraft wirkt

Beschleunigungsarbeit, Verformungsarbeit

*Speicherformen:*

potenzielle Energie $E_{pot} = m \cdot g \cdot h$

$E_{pot}$: Energie, die der Körper durch seine Lage zur Erde (oder zu einem anderen Körper) hat
$m$:   Masse des Körpers
$g$:   Ortsfaktor ▶ Tab. S. 89
$h$:   Abstand des Körpers zur Erde (zum anderen Körper)

kinetische Energie

**Thermische Energieformen**

*Übertragungsformen:*

Wärme    $W_{th} = c \cdot m \cdot \Delta\vartheta$

$W_{th}$: thermisch zugeführte oder entzogene Energie
$c$:   spezifische Wärmekapazität des Stoffes des Körpers    ▶ Tab. S. 91
$m$:   Masse des Körpers
$\Delta\vartheta$: durch die Energie bewirkte Temperaturdifferenz

Umwandlungswärme    $W_{th} = W_v \cdot m$

$W_{th}$: Zum Schmelzen oder Verdampfen bzw. Erstarren oder Kondensieren nötige bzw. freiwerdende Energie ($T$ = konst.)
$W_v$:   spezifische Umwandlungswärme
      für Schmelzen, Erstarren    ▶ Tab. S. 90
      für Verdampfen, Kondensieren    ▶ Tab. S. 90
$m$:   Masse des Körpers

# AUSWAHL PHYSIKALISCHER GESETZMÄSSIGKEITEN

## Elektrische Energieformen

*Übertragungsform:* elektrische Energie  $W_{el} = U \cdot I \cdot t$

## Erster Hauptsatz

$W_{th} = \Delta E_{in} + W_{Vol}$

$W_{th}$: dem Gas thermisch zugeführte Energie
$\Delta E_{in}$: Erhöhung der inneren Energie des Gases
$W_{Vol}$: Ausdehnungsarbeit
$F$: Kraft, mit der die Ausdehnungsarbeit verrichtet wird
$s$: Weg, über den die Kraft wirkt
$\Delta V$: Volumenänderung

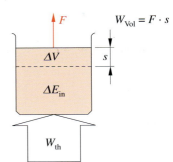

Ausdehnungsarbeit:  $W_{Vol} = p \cdot \Delta V$

## Zerfallsgesetz

$$N_t = N_0 \cdot \left(\frac{1}{2}\right)^{\frac{t}{T}}$$

$$A_t = A_0 \cdot \left(\frac{1}{2}\right)^{\frac{t}{T}}$$

$N_t$: Anzahl der nach der Zeit $t$ noch radioaktiver Teilchen
$N_0$: Anzahl der zur Zeit $t = 0\,\text{s}$ noch radioaktiven Teilchen
$A_0$: Aktivität des radioaktiven Präparats zur Zeit $t = 0$
$A_t$: Aktivität des radioaktiven Präparats zur Zeit $t$
$t$: Beobachtungszeitraum des Zerfalls
$T$: Halbwertszeit des radioaktiven Stoffes  ▶ Tab. S. 99

PHYSIK

# TABELLEN

## Eigenschaften verschiedener Stoffe

### Dichte fester Stoffe (bei 20 °C)

| Stoff | $\varrho$ in $\frac{g}{cm^3}$ |
|---|---|
| Aluminium | 2,70 |
| Balsaholz | 0,1 |
| Beton | 1,5 bis 2,4 |
| Blei | 11,3 |
| Butter | 0,86 |
| Eis (0°C) | 0,92 |
| Eisen | 7,87 |
| Glas | ca. 2,6 |
| Gold | 19,3 |
| Granit | ca. 2,8 |
| Gummi | 0,9 bis 1,0 |
| Holz | 0,4 bis 0,8 |
| Kohlenstoff | |
|   Graphit | 2,25 |
|   Diamant | 3,52 |
| Kork | 0,2 bis 0,4 |
| Kunststoff (PVC) | ca. 1,4 |
| Kupfer | 8,96 |
| Marmor | ca. 2,8 |
| Messing | ca. 8,5 |
| Nickel | 8,90 |
| Platin | 21,5 |
| Plexiglas | 1,2 |
| Sand | ca. 1,5 |
| Silber | 10,5 |
| Stahl | 7,8 bis 7,9 |
| Stearin | ca. 0,9 |
| Styropor | 0,015 |
| Zink | 7,13 |
| Zinn | 7,28 |

### Dichte flüssiger Stoffe (bei 20 °C)

| Stoff | $\varrho$ in $\frac{g}{cm^3}$ |
|---|---|
| Alkohol (Ethanol) | 0,79 |
| Benzin | ca. 0,7 |
| Glycerin | 1,26 |
| Milch | 1,03 |
| Quecksilber | 13,55 |
| Salzwasser | ca. 1,03 |
| Schwefelsäure, konzentriert | 1,83 |
| Terpentinöl | 0,86 |
| Wasser (4 °C) | 1,00 |

### Dichte von Gasen (bei 0 °C und 1013 Pa)

| Stoff | $\varrho$ in $\frac{g}{l}$ |
|---|---|
| Butan | ca. 2,73 |
| Erdgas | ca. 0,7 |
| Helium | ca. 0,18 |
| Luft | ca. 1,29 |
| Methan | ca. 0,72 |
| Propan | ca. 2,01 |
| Wasserstoff | ca. 0,09 |

# TABELLEN

## Geschwindigkeiten

| | Medium | Geschwindigkeit in $\frac{m}{s}$ |
|---|---|---|
| Licht | Vakuum (Luft) | $2997 \cdot 10^5$ |
| Schall | Luft bei 20 °C | 343 |

## Reibungszahlen

| Reibungspartner | Reibungszahlen | |
|---|---|---|
| | $\mu_{Haft}$ | $\mu_{Gleit}$ |
| *Holz* auf Stein | 0,70 | 0,30 |
| *Holz* auf Holz | 0,50 | 0,30 |
| *Stahl* auf Stahl | 0,15 | 0,12 |
| *Stahl* auf Stahl (geschmiert) | 0,10 | 0,05 |
| *Stahl* auf Eis | 0,03 | 0,01 |
| *Autoreifen* auf trockenem Asphalt | 1,0 | 0,9 |
| nassem Asphalt | 0,8 | 0,6 |
| vereistem Asphalt | 0,2 | 0,1 |
| *M+S-Reifen* auf Eis | 0,4 | 0,16 |

## Ortsfaktoren

in $\frac{N}{kg}$ bzw. $\frac{m}{s^2}$

| | |
|---|---|
| g (Erde, Normort) | 9,81 |
| g (Erde, Pole) | 9,83 |
| g (Erde, Äquator) | 9,78 |
| g (Mond) | 1,62 |
| g (Sonne) | 274,0 |
| g (Merkur) | 3,7 |
| g (Venus) | 8,87 |
| g (Mars) | 3,71 |
| g (Jupiter) | 23,21 |
| g (Saturn) | 9,28 |
| g (Uranus) | 9,0 |
| g (Neptun) | 11,6 |
| g (Pluto) | ca. 0,5 |

## Schallpegel

| Beispiel | dB (A) | Empfindung |
|---|---|---|
| Schmerzgrenze | 130 | „unerträglich" |
| Düsentriebwerk, Rockkonzert | 120 | „unerträglich" |
| Motorrad, Straßenverkehr | 80 | „laut" |
| lautes Rufen, Mofa | 70 | „laut" |
| Büro | 60 | „leise" |
| Unterhaltung | 50 | „leise" |
| Atmen | 10 | „ruhig" |
| Hörschwelle | 0 | „ruhig" |

PHYSIK

## Zustandsänderungen einiger Stoffe

| Stoff | Schmelz-temperatur (1013 hPa) in °C | spezifische Schmelzwärme in $\frac{kJ}{kg}$ | Siedetemperatur (bei 1013 hPa) in °C | spezifische Verdampfungs-wärme in $\frac{kJ}{kg}$ |
|---|---|---|---|---|
| Alkohol | −114 | 108 | 78,3 | 840 |
| Aluminium | 659 | 397 | 2447 | 10900 |
| Blei | 327 | 23,0 | 1750 | 8600 |
| Eisen | 1535 | 277 | 2730 | 6340 |
| Ethanol | −114 | 108 | 78,3 | 840 |
| Glycerin | 18,4 | 201 | 291 | |
| Gold | 1063 | 65,7 | 2707 | 1650 |
| Kupfer | 1083 | 205 | 2590 | 4790 |
| Luft | −213 | | −194 | 205 |
| Nickel | 1453 | 303 | 2800 | 6480 |
| Platin | 1769 | 111 | 4300 | 2290 |
| Propan | −190 | | −42 | 426 |
| Quecksilber | −38,9 | 11,8 | 357 | 285 |
| Sauerstoff | −219 | 13,8 | −183 | 213 |
| Silber | 961 | 105 | 2180 | 2350 |
| Stickstoff | −210 | 26,0 | −196 | 198 |
| Wasser | 0 | 334 | 100 | 2256 |
| Wolfram | 3380 | 192 | ca. 5500 | 4350 |
| Zink | 420 | 107 | 907 | 1755 |
| Zinn | 232 | 59,6 | 2430 | 2450 |

# TABELLEN

## Längenausdehnungskoeffizient fester Stoffe (Längenausdehnung)
(zwischen 0 °C und 100 °C)

| Stoff | $\alpha$ in $\frac{mm}{m \cdot °C}$ |
|---|---|
| Aluminium | 0,024 |
| Beton | 0,012 |
| Blei | 0,029 |
| Eisen | 0,012 |
| Gold | 0,014 |
| Kupfer | 0,017 |
| Messing | 0,018 |
| Nickel | 0,013 |
| Normalglas | 0,009 |
| Schienenstahl | 0,0115 |
| Silber | 0,020 |
| Zink | 0,026 |
| Zinn | 0,027 |

## Ausdehnung von Flüssigkeiten beim Erwärmen (bei 20 °C)

| Stoff | $\gamma$ in $\frac{cm^3}{dm^3 \cdot °C}$ |
|---|---|
| Alkohol | 1,10 |
| Benzin | 1,06 |
| Benzol | 1,23 |
| Glycerin | 0,50 |
| Heizöl | ca. 0,9 |
| Quecksilber | 0,18 |
| Wasser | 0,21 |
| Olivenöl | 0,72 |
| Petroleum | 0,96 |
| Aceton | 1,50 |

## Spezifische Wärmekapazität einiger Stoffe
(bei 20 °C)

| Stoff | $c$ in $\frac{kJ}{kg \cdot °C}$ |
|---|---|
| Aluminium | 0,89 |
| Beton | 0,84 |
| Blei | 0,13 |
| Eisen | 0,45 |
| Glas | 0,80 |
| Glycerin | 2,39 |
| Glykol | 2,43 |
| Gold | 0,13 |
| Granit | 0,75 |
| Holz | ca. 1,5 |
| Kork | ca. 1,9 |
| Kupfer | 0,38 |
| Luft (1013 hPa) | 1,00 |
| Marmor | 0,80 |
| Messing | 0,38 |
| Milch | 3,9 |
| Nickel | 0,44 |
| Platin | 0,13 |
| Plexiglas | 1,4 bis 2,1 |
| Sauerstoff (1013 hPa) | 0,92 |
| Sand | 0,84 |
| Silber | 0,24 |
| Spiritus | 2,43 |
| Stahl | 0,42 bis 0,50 |
| Styropor | 1,5 |
| Wasser | 4,18 |
| Wasserstoff (1013 hPa) | 14,32 |
| Ziegelstein | 0,84 |
| Zink | 0,39 |
| Zinn | 0,23 |

PHYSIK

# TABELLEN

## Spezifischer elektrischer Widerstand

$\varrho$ in $\frac{\Omega \cdot mm^2}{m}$ ($\vartheta = 20\,°C$)

| Stoff | $\varrho$ |
|---|---|
| Aluminium | 0,027 |
| Blei | 0,208 |
| Eisen | 0,10 |
| Germanium | 900 |
| Glas | $10^{13}$ |
| Gold | 0,022 |
| Graphit | 8,00 |
| Kohle (Bürsten) | 40 |
| Konstantan | 0,50 |
| Kupfer | 0,017 |
| Messing | 0,08 |
| Nickel | 0,087 |
| Platin | 0,107 |
| Porzellan | $10^{15}$ |
| Quecksilber | 0,96 |
| Silber | 0,016 |
| Silicium | $1,2 \cdot 10^7$ |
| Wolfram | 0,055 |
| Zink | 0,061 |
| Zinn | 0,11 |

## Sprungtemperaturen einiger Supraleiter

| Stoff | $T_c$ in K |
|---|---|
| **Supraleiter 1. Art:** | |
| Al | 1,18 |
| Cd | 0,52 |
| Hg ($\alpha$) | 4,15 |
| Pb | 7,20 |
| **Supraleiter 2. Art:** | |
| Nb | 9,46 |
| V | 5,30 |
| Zn | 0,9 |
| **Supraleiter 3. Art:** | |
| $Nb_3Al$ | 17,5 |
| $V_3Si$ | 17 |
| **Keramische Supraleiter (Hochtemperatursupraleiter):** | |
| $YBa_2Cu_3O_7$ | 93 |
| Bi-Sr-Ca-Cu-O | 115 |
| Tl-Sr-Ca-Cu-O | 125 |

## Bewertungsfaktoren zur Berechnung der Äquivalentdosis
(bei äußerer Bestrahlung)

| Strahlung | Bewertungsfaktor $q$ |
|---|---|
| Röntgenstrahlung | 1 |
| $\beta$-Strahlung | 1 |
| $\gamma$-Strahlung | 1 |
| langsame Neutronen | 2 bis 5 |
| schnelle Neutronen | 5 bis 10 |
| $\alpha$-Strahlung | 20 |

# Energieeinheiten und Energieträger

**Umrechnungstabelle Energieeinheiten**

|  | kJ | kcal | kWh | kg SKE | m³ Erdgas |
|---|---|---|---|---|---|
| 1 Kilojoule (kJ) | – | 0,2388 | 0,000278 | 0,000034 | 0,000032 |
| 1 Kilokalorie (kcal) | 4,1868 | – | 0,001163 | 0,000143 | 0,00013 |
| 1 Kilowattstunde (kWh) | 3600 | 860 | – | 0,123 | 0,113 |
| 1 kg Steinkohleneinheit (SKE) | 29308 | 7000 | 8,14 | – | 0,923 |
| 1 m³ Erdgas | 31736 | 7580 | 8,816 | 1,083 | – |

$1\,eV \triangleq 1{,}602 \cdot 10^{-19}\,J; \quad 1\,J \triangleq 6{,}242 \cdot 10^{18}\,eV$

**Durchschnittliche Heizwerte verschiedener Energieträger**

| Energieträger | Heizwert in $\frac{MJ}{kg}$ |
|---|---|
| Braunkohle | 8,5 |
| Braunkohlenbriketts | 19,5 |
| Brennholz (1 m³ ≙ ca. 0,7 t) | 14,6 |
| Diesel/Heizöl leicht (1 l ≙ ca. 0,85 kg) | 42,7 |
| Erdöl (roh) | 42,6 |
| Heizöl schwer | 41,0 |
| Motorenbenzin (1 l ≙ ca. 0,7 kg) | 43,5 |
| Steinkohle | 29,7 |
| Steinkohlenbriketts | 31,4 |

## Schaltzeichen aus der Elektrizitätslehre

| Spannungsquellen | | Elektrische Leiter | | Schalter | |
|---|---|---|---|---|---|
| Generator (Dynamo) | —[G]— | Leiter | ———— | Schalter (offen) | |
| Batterie | —\|\|+ | | | Schalter (geschlossen) | |
| Gleich-spannung | +− | Verzweigung | ⊥ | | |
| Wechselspan-nung | ~ | | | Wechselschal-ter | |
| Solarzelle (Fotozelle) | | Erde | ⏚ | Sicherung | |

| Widerstände | | Halbleiter-Elemente | | Elektromagn. Elemente | |
|---|---|---|---|---|---|
| unveränderbarer Widerstand | | Diode | ▷⊢ | Relais | |
| veränderbarer Widerstand mit Schleifkontakt (Potentiometer) | | Fotodiode | | | |
| Kaltleiter PTC-Widerstand | | Leuchtdiode (LED) | | Spule | |
| Heißleiter NTC-Widerstand | | | | Spule mit Wechselkern | |
| Foto-Widerstand LDR-Widerstand | | | | Trans-formator | |

## TABELLEN

| Elektrische Verbraucher | | Lampen und Röhren | | Messgeräte | |
|---|---|---|---|---|---|
| Klingel | ⌒ | Glühlampe | ⊗ | allgem. Messgerät | ⊘ |
| Lautsprecher | ⊲ | Glimmlampe | ⊕ | Strommesser | Ⓐ |
| Mikrofon | ○ | Elektronenröhre (mit Heizdraht) | | Spannungsmesser | Ⓥ |
| Motor | Ⓜ | | | | |
| Verstärker | ▷ | | | Oszilloskop | ⌇ |

# MODELLE VOM AUFBAU DER KÖRPER

### Teilchenmodell

Wir stellen uns vor, dass jeder Körper aus kleinsten Teilchen aufgebaut ist. Die (kugelförmigen, festen) Teilchen sind ca. ein Millionstel Millimeter groß und führen thermische Bewegungen aus. Sie unterscheiden sich in ihren Volumina und Massen. Zwischen den Teilchen wirken Anziehungskräfte.

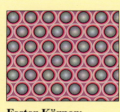

**Fester Körper:** Schwingung der ortsfesten Teilchen

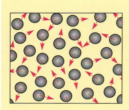

**Flüssigkeit:** Verschiebung der ungeordneten Teilchen

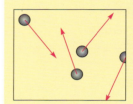

**Gas:** Frei bewegliche, ungeordnete Teilchen

### Atommodell (Kern-Hülle-Modell)

In der Mitte des Atoms befindet sich ein sehr kleiner Atomkern. In einem großen Bereich um den Kern bewegen sich Elektronen. Die Atomhülle hat einen Durchmesser von ca. ein Millionstel Millimeter.

### Bauteilchen des Atoms (Elementarteilchen):

|  | Elementarteilchen | Schreibweise |  | Ladung | Masse |
|---|---|---|---|---|---|
| im Kern (Nukleonen) | Protonen | p | $_1^1 p$ | positive Elementarladung | $1{,}6726485 \cdot 10^{-27}$ kg |
|  | Neutronen | n | $_0^1 n$ | keine Ladung | $1{,}6749543 \cdot 10^{-27}$ kg |
| in der Hülle | Elektronen | $e^-$ | $_{-1}^{0} e$ | negative Elementarladung | $9{,}109534 \cdot 10^{-31}$ kg |

# MODELLE VOM AUFBAU DER KÖRPER

## Nuklidschreibweise

$${}^{A}_{Z}X$$

A: Massenzahl (Anzahl der Protonen und Neutronen)
Z: Ordnungszahl (Anzahl der Protonen)
X: Symbol des Elements X

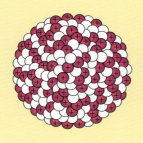

**Kern eines Uranatoms**
92 Protonen
146 Neutronen
238 Kernbausteine

**Massenzahl**
Anzahl der Protonen **und** Neutronen

$${}^{238}_{92}U$$

**Ordnungszahl**
Anzahl der Protonen

## Isotope

Isotope sind Atome mit gleicher Protonenzahl, aber unterschiedlich vielen Neutronen.
Beispiele: ${}^{1}_{1}H$ (Wasserstoff) ${}^{2}_{1}H$ (Deuterium) ${}^{3}_{1}H$ (Tritium)

## Ionen

Ionen sind Atome mit gleicher Nukleonenzahl aber unterschiedlich vielen Elektronen.
Beispiele:

|      | Neutrales Stickstoffatom ${}^{14}_{7}N$ | Positiv geladenes Ion | Negativ geladenes Ion |
|------|---------------------------------|------------------------|------------------------|
| Kern | 7 Protonen/ 7 Neutronen | 7 Protonen/ 7 Neutronen | 7 Protonen/ 7 Neutronen |
| Hülle | 7 Elektronen | 6 (oder weniger) Elektronen | 8 (oder mehr) Elektronen |
|      | Gleich viele Ladungen in Kern und Hülle | Positiver Ladungsüberschuss im Kern | Negativer Ladungsüberschuss in der Hülle |

# MODELLE VOM AUFBAU DER KÖRPER

## Zerfallsreihen

| Uran-Radium-Reihe | Thorium-Reihe | Uran-Actinium-Reihe | Neptunium-Reihe |
|---|---|---|---|
| $^{238}$U | $^{232}$Th | $^{235}$U | $^{241}$Pu |
| ↓ α | ↓ α | ↓ α | ↓ β |
| $^{234}$Th | $^{228}$Ra | $^{231}$Th | $^{241}$Am |
| ↓ β | ↓ β | ↓ β | ↓ α |
| $^{234}$Pa | $^{228}$Ac | $^{231}$Pa | $^{237}$Np |
| ↓ β | ↓ β | ↓ α | ↓ α |
| $^{234}$U | $^{228}$Th | $^{227}$Ac | $^{233}$Pa |
| ↓ α | ↓ α | β ↙ ↘ α | ↓ β |
| $^{230}$Th | $^{224}$Ra | $^{227}$Th   $^{223}$Fr | $^{233}$U |
| ↓ α | ↓ α | α ↘ ↙ β | ↓ α |
| $^{226}$Ra | $^{220}$Rn | $^{223}$Ra | $^{229}$Th |
| ↓ α | ↓ α | ↓ α | ↓ α |
| $^{222}$Rn | $^{216}$Po | $^{219}$Rn | $^{225}$Ra |
| ↓ α | α ↙ ↘ β | ↓ α | ↓ β |
| $^{218}$Po | $^{212}$Pb   $^{216}$At | $^{215}$Po | $^{225}$Ac |
| α ↙ ↘ β | β ↘ ↙ α | α ↙ ↘ β | ↓ α |
| $^{214}$Pb   $^{218}$At | $^{212}$Bi | $^{211}$Pb   $^{215}$At | $^{221}$Fr |
| β ↘ ↙ α | β ↙ ↘ α | β ↘ ↙ α | ↓ α |
| $^{214}$Bi | $^{212}$Po   $^{208}$Tl | $^{211}$Bi | $^{217}$At |
| β ↙ ↘ α | α ↘ ↙ β | β ↙ ↘ α | ↓ α |
| $^{214}$Po   $^{210}$Tl | $^{208}$Pb | $^{211}$Po   $^{207}$Tl | $^{213}$Bi |
| α ↘ ↙ β |  | α ↘ ↙ β | β ↙ ↘ α |
| $^{210}$Pb |  | $^{207}$Pb | $^{213}$Po   $^{209}$Tl |
| ↓ β |  |  | α ↘ ↙ β |
| $^{210}$Bi |  |  | $^{209}$Pb |
| β ↙ ↘ α |  |  | ↓ β |
| $^{210}$Po   $^{206}$Tl |  |  | $^{209}$Bi |
| α ↘ ↙ β |  |  |  |
| $^{206}$Pb |  |  |  |

## Halbwertszeiten und Zerfallsart radioaktiver Elemente

| Element | Halbwertszeit | Zerfallsart | Element | Halbwertszeit | Zerfallsart |
|---|---|---|---|---|---|
| Actinium Ac-227 | 22 a | $\beta$ | Polonium Po-215 | $1{,}8 \cdot 10^{-3}$ s | $\alpha$ |
| Actinium Ac-228 | 6,1 h | $\beta$ | Polonium Po-216 | 0,15 s | $\alpha$ |
| Astat At-215 | $1 \cdot 10^{-4}$ s | $\alpha$ | Polonium Po-218 | 3 min | $\alpha$ |
| Astat At-218 | 2 s | $\alpha$ | Protactinium Pa-231 | $3{,}4 \cdot 10^4$ a | $\alpha$ |
| Bismut Bi-210 | 5,0 d | $\beta$ | Protactinium Pa-234 | 6,7 h | $\beta$ |
| Bismut Bi-211 | 2,15 min | $\alpha$ | Radium Ra-223 | 11,4 d | $\alpha$ |
| Bismut Bi-212 | 60,6 min | $\beta, \alpha$ | Radium Ra-224 | 3,6 d | $\alpha$ |
| Bismut Bi-214 | 20 min | $\beta$ | Radium Ra-226 | 1601 a | $\alpha$ |
| Blei Pb-209 | 3,3 h | $\beta$ | Radium Ra-228 | 5,8 a | $\beta$ |
| Blei Pb-210 | 22,3 a | $\beta$ | Radon Rn-219 | 4,0 s | $\alpha$ |
| Blei Pb-211 | 36 min | $\beta$ | Radon Rn-220 | 55 s | $\alpha$ |
| Blei Pb-212 | 10,6 h | $\beta$ | Radon Rn-222 | 3,82 d | $\alpha$ |
| Blei Pb-214 | 27 min | $\beta$ | Thallium Tl-207 | 4,8 min | $\beta$ |
| Caesium Cs-137 | 30 a | $\beta$ | Thallium Tl-208 | 3,10 min | $\beta$ |
| Cobalt Co-60 | 5,26 a | $\beta$ | Thallium Tl-210 | 1,3 min | $\beta$ |
| Francium Fr-223 | 22 min | $\alpha$ | Thorium Th-227 | 18,5 d | $\alpha$ |
| Iod I-131 | 8,08 d | $\beta$ | Thorium Th-228 | 1,91 a | $\alpha$ |
| Kalium K-40 | $1{,}3 \cdot 10^9$ a | $\beta$ | Thorium Th-229 | $7 \cdot 10^3$ a | $\alpha$ |
| Kohlenstoff C-14 | 5730 a | $\beta$ | Thorium Th-231 | 25 h | $\beta$ |
| Neptunium Np-239 | 2,3 d | $\beta$ | Thorium Th-232 | $1{,}41 \cdot 10^{10}$ a | $\alpha$ |
| Plutonium Pu-239 | $2{,}44 \cdot 10^4$ a | $\alpha$ | Thorium Th-234 | 24 h | $\beta$ |
| Polonium Po-210 | 138,4 d | $\alpha$ | Tritium H-3 | 12,3 a | $\beta$ |
| Polonium Po-211 | 0,5 s | $\alpha$ | Uran U-234 | $2{,}5 \cdot 10^5$ a | $\alpha$ |
| Polonium Po-212 | $3 \cdot 10^{-7}$ s | $\alpha$ | Uran U-235 | $7{,}1 \cdot 10^8$ a | $\alpha$ |
| Polonium Po-214 | $1{,}6 \cdot 10^{-4}$ s | $\alpha$ | Uran U-238 | $4{,}5 \cdot 10^9$ a | $\alpha$ |

# MODELLE VOM AUFBAU DER KÖRPER

## Chemische Elemente

| Element | Symbol | Oz[1] | Elektro-negativität[2] | Dichte[1] $\varrho$ in $\frac{g}{cm^3}$* | Schmelz-temperatur in °C | Siedetempera-tur in °C |
|---|---|---|---|---|---|---|
| Actinium | Ac | 89 | 1,1 | 10 | 1050 | 3198 |
| Aluminium | Al | 13 | 1,5 | 2,70 | 660 | 2450 |
| Americium | Am | 95 | 1,3 | 12 | 1176 | 2011 |
| Antimon | Sb | 51 | 1,9 | 6,68 | 631 | 1380 |
| Argon | Ar | 18 | – | 1,78* | −189 | −186 |
| Arsen | As | 33 | 2,0 | 5,72 | 817 (p) | 613 (s) |
| Astat | At | 85 | 2,2 | – | 302 | 337 |
| Barium | Ba | 56 | 0,9 | 3,50 | 714 | 1640 |
| Berkelium | Bk | 97 | 1,3 | (14,0) | – | – |
| Beryllium | Be | 4 | 1,5 | 1,85 | 1287 | 2471 |
| Bismut | Bi | 83 | 1,9 | 9,8 | 271 | 1560 |
| Blei | Pb | 82 | 1,8 | 11,34 | 327 | 1740 |
| Bohrium | Bh | 107 | – | – | – | – |
| Bor | B | 5 | 2,0 | 2,3 | 2030 | 3900 |
| Brom | Br | 35 | 2,8 | 3,12 | −7 | 58,7 |
| Cadmium | Cd | 48 | 1,7 | 8,64 | 321 | 767 |
| Caesium | Cs | 55 | 0,7 | 1,9 | 29 | 690 |
| Calcium | Ca | 20 | 1,0 | 1,55 | 838 | 1490 |
| Californium | Cf | 98 | 1,3 | 15,1 | 900 | – |
| Cer | Ce | 58 | 1,1 | 6,77 | 799 | 3443 |
| Chlor | Cl | 17 | 3,0 | 3,22* | −101 | −35 |
| Chrom | Cr | 24 | 1,6 | 7,19 | 1907 | 2672 |
| Cobalt | Co | 27 | 1,8 | 8,90 | 1490 | 2870 |
| Curium | Cm | 96 | 1,3 | 13,51 | 1345 | ≈ 3100 |
| Dubnium | Db | 105 | – | – | – | – |
| Dysprosium | Dy | 66 | 1,2 | 8,55 | 1412 | 2567 |
| Einsteinium | Es | 99 | 1,3 | – | 860 | – |

## MODELLE VOM AUFBAU DER KÖRPER

| Element | Symbol | Oz[1] | Elektro-negativität[2] | Dichte[1] $\varrho$ in $\frac{g}{cm^3}$* | Schmelz-temperatur in °C | Siedetempera-tur in °C |
|---|---|---|---|---|---|---|
| Eisen | Fe | 26 | 1,8 | 7,86 | 1540 | 2750 |
| Erbium | Er | 68 | 1,2 | 9,07 | 1529 | 2868 |
| Europium | Eu | 63 | 1,2 | 5,24 | 822 | 1529 |
| Fermium | Fm | 100 | 1,3 | – | 1527 | – |
| Fluor | F | 9 | 4,0 | 1,69* | –220 | –188 |
| Francium | Fr | 87 | 0,7 | – | 27 | – |
| Gadolinium | Gd | 64 | 1,1 | 7,90 | 1313 | 3273 |
| Gallium | Ga | 31 | 1,6 | 5,91 | 30 | 2204 |
| Germanium | Ge | 32 | 1,8 | 5,32 | 938 | 2833 |
| Gold | Au | 79 | 2,4 | 19,3 | 1063 | 2970 |
| Hafnium | Hf | 72 | 1,3 | 13,3 | 2233 | 4603 |
| Hassium | Hs | 108 | – | – | – | – |
| Helium | He | 2 | – | 0,18* | –270 | –269 |
| Holmium | Ho | 67 | 1,2 | 8,80 | 1472 | 2700 |
| Indium | In | 49 | 1,7 | 7,31 | 157 | 2072 |
| Iod | I | 53 | 2,5 | 4,94 | 114 | 182,8 |
| Iridium | Ir | 77 | 2,2 | 22,56 | 2446 | 4428 |
| Kalium | K | 19 | 0,8 | 0,86 | 64 | 760 |
| Kohlenstoff | C | 6 | 2,5 | 2,26 | 3730 | 4830 |
| Krypton | Kr | 36 | – | 3,71* | –157 | –152 |
| Kupfer | Cu | 29 | 1,9 | 8,96 | 1083 | 2600 |
| Lanthan | La | 57 | 1,1 | 6,15 | 920 | 3464 |
| Lawrencium | Lr | 103 | – | – | 1627 | – |
| Lithium | Li | 3 | 1,0 | 0,53 | 180 | 1372 |
| Lutetium | Lu | 71 | 1,2 | 9,84 | 1663 | 3402 |
| Magnesium | Mg | 12 | 1,2 | 1,74 | 650 | 1110 |
| Mangan | Mn | 25 | 1,5 | 7,43 | 1244 | ≈ 2100 |
| Meitnerium | Mt | 109 | – | – | – | – |

K

CHEMIE

## MODELLE VOM AUFBAU DER KÖRPER

| Element | Symbol | Oz[1] | Elektro-negativität[2] | Dichte[1] $\varrho$ in $\frac{g}{cm^3}$* | Schmelz-temperatur in °C | Siedetempera-tur in °C |
|---|---|---|---|---|---|---|
| Mendelevium | Md | 101 | – | – | – | – |
| Molybdaen | Mo | 42 | 1,8 | 10,2 | 2623 | 4639 |
| Natrium | Na | 11 | 0,9 | 0,97 | 98 | 892 |
| Neodym | Nd | 60 | 1,2 | 7,01 | 1016 | 3074 |
| Neon | Ne | 10 | – | 0,89* | –249 | –246 |
| Neptunium | Np | 93 | 1,3 | 20,2 | 644 | – |
| Nickel | Ni | 28 | 1,8 | 8,90 | 1450 | 2730 |
| Niob | Nb | 41 | 1,6 | 8,57 | 2477 | 4744 |
| Nobelium | No | 102 | – | – | – | – |
| Osmium | Os | 76 | 2,2 | 22,59 | 3033 | 5012 |
| Palladium | Pd | 46 | 2,2 | 12,0 | 1555 | 2963 |
| Phosphor | P | 15 | 2,1 | 1,82 | 44 | 280 |
| Platin | Pt | 78 | 2,2 | 21,45 | 1770 | 3825 |
| Plutonium | Pu | 94 | 1,3 | 19,7 | 640 | 3228 |
| Polonium | Po | 84 | 2,0 | 9,2 | 254 | 962 |
| Praseodym | Pr | 59 | 1,1 | 6,77 | 931 | 3520 |
| Promethium | Pm | 61 | 1,2 | 7,26 | 1042 | 3000 |
| Protactinium | Pa | 91 | 1,5 | 15,4 | 1572 | – |
| Quecksilber | Hg | 80 | 1,9 | 13,53 | –39 | 357 |
| Radium | Ra | 88 | 0,9 | 5 | 696 | 1440 |
| Radon | Rn | 86 | – | 9,1* | –71 | –62 |
| Rhenium | Re | 75 | 1,9 | 20,8 | 3185 | 5596 |
| Rhodium | Rh | 45 | 2,2 | 12,4 | 1964 | 3695 |
| Rubidium | Rb | 37 | 0,8 | 1,53 | 99 | 688 |
| Ruthenium | Ru | 44 | 2,2 | 12,1 | 2334 | 4150 |
| Rutherfordium | Rf | 104 | – | – | – | – |
| Samarium | Sm | 62 | 1,2 | 7,52 | 1072 | 1794 |
| Sauerstoff | O | 8 | 3,5 | 1,43* | –219 | –183 |

K

CHEMIE

## MODELLE VOM AUFBAU DER KÖRPER

| Element | Symbol | Oz[1] | Elektronegativität[2] | Dichte[1] $\varrho$ in $\frac{g}{cm^3}$* | Schmelztemperatur in °C | Siedetemperatur in °C |
|---|---|---|---|---|---|---|
| Scandium | Sc | 21 | 1,3 | 2,99 | 1541 | 2836 |
| Schwefel | S | 16 | 2,5 | 2,07 | 113 | 445 |
| Seaborgium | Sg | 106 | – | – | – | – |
| Selen | Se | 34 | 2,4 | 4,79 | 217 | 685 |
| Silber | Ag | 47 | 1,9 | 10,50 | 961 | 2212 |
| Silicium | Si | 14 | 1,8 | 2,33 | 1410 | 2680 |
| Stickstoff | N | 7 | 3,0 | 1,25* | −210 | −196 |
| Strontium | Sr | 38 | 1,0 | 2,58 | 757 | 1364 |
| Tantal | Ta | 73 | 1,5 | 16,4 | 3017 | 5458 |
| Technetium | Tc | 43 | 1,9 | 11 | 2157 | 4265 |
| Tellur | Te | 52 | 2,1 | 6,23 | 450 | 988 |
| Terbium | Tb | 65 | 1,2 | 8,23 | 1359 | 3230 |
| Thallium | Tl | 81 | 1,8 | 11,8 | 304 | 1473 |
| Thorium | Th | 90 | 1,3 | 11,7 | 1750 | 4788 |
| Thulium | Tm | 69 | 1,2 | 9,32 | 1545 | 1950 |
| Titan | Ti | 22 | 1,5 | 4,5 | 1668 | 3287 |
| Uran | U | 92 | 1,7 | 19,1 | 1135 | 4131 |
| Vanadium | V | 23 | 1,6 | 6,0 | 1910 | 3407 |
| Wasserstoff | H | 1 | 2,1 | 0,089* | −259 | −253 |
| Wolfram | W | 74 | 1,7 | 19,3 | 3410 | 5660 |
| Xenon | Xe | 54 | – | 5,89* | −112 | −108 |
| Ytterbium | Yb | 70 | 1,1 | 6,90 | 824 | 1196 |
| Yttrium | Y | 39 | 1,3 | 4,47 | 1522 | 3345 |
| Zink | Zn | 30 | 1,6 | 7,14 | 419 | 906 |
| Zinn | Sn | 50 | 1,8 | 7,28 | 232 | 2350 |
| Zirconium | Zr | 40 | 1,4 | 6,52 | 1855 | 4409 |

[1] Ordnungszahl
* $\frac{g}{l}$
[2] nach Pauling
s = sublimiert
[3] bei 20 °C und 1013 hPa
p = unter Druck

CHEMIE

# MODELLE VOM AUFBAU DER KÖRPER

## Periodensystem der Elemente

| Periode | Haupt- | | | | | | | | | |
|---|---|---|---|---|---|---|---|---|---|---|
| | I | II | | | | | | | | |
| 1 | 1,008 $_1$H Wasserstoff | | | | | | | | | |

Metall (blau) · Halbmetall (grün) · Nichtmetall (gelb)
schwarz = Feststoff
weiß = Flüssigkeit
rot = Gas
hellblau = künstliches Element
\* = radioaktives Element
² = vorläufiges IUPAC-Symbol

| Periode | I | II | | | | Neben- | | | | |
|---|---|---|---|---|---|---|---|---|---|---|
| 2 | 6,94 $_3$Li Lithium | 9,01 $_4$Be Beryllium | | | | | | | | |
| 3 | 22,99 $_{11}$Na Natrium | 24,31 $_{12}$Mg Magnesium | III | IV | V | VI | VII | VIII | VIII | |
| 4 | 39,10 $_{19}$K Kalium | 40,08 $_{20}$Ca Calcium | 44,96 $_{21}$Sc Scandium | 47,88 $_{22}$Ti Titan | 50,94 $_{23}$V Vanadium | 51,996 $_{24}$Cr Chrom | 54,94 $_{25}$Mn Mangan | 55,85 $_{26}$Fe Eisen | 58,93 $_{27}$Co Cobalt | |
| 5 | 85,47 $_{37}$Rb Rubidium | 87,62 $_{38}$Sr Strontium | 88,91 $_{39}$Y Yttrium | 91,22 $_{40}$Zr Zirconium | 92,91 $_{41}$Nb Niob | 95,94 $_{42}$Mo Molybdän | [98] $_{43}$Tc\* Technetium | 101,07 $_{44}$Ru Ruthenium | 102,91 $_{45}$Rh Rhodium | |
| 6 | 132,91 $_{55}$Cs Caesium | 137,33 $_{56}$Ba Barium | 138,91 ● $_{57}$La Lanthan | 178,49 $_{72}$Hf Hafnium | 180,95 $_{73}$Ta Tantal | 183,84 $_{74}$W Wolfram | 186,21 $_{75}$Re Rhenium | 190,23 $_{76}$Os Osmium | 192,22 $_{77}$Ir Iridium | |
| 7 | [223] $_{87}$Fr\* Francium | 226,03 $_{88}$Ra\* Radium | 227,03 ●● $_{89}$Ac\* Actinium | [261] $_{104}$Rf\* Rutherfordium | [262] $_{105}$Db\* Dubnium | [266] $_{106}$Sg\* Seaborgium | [264] $_{107}$Bh\* Bohrium | [277] $_{108}$Hs\* Hassium | [268] $_{109}$Mt\* Meitnerium | |

Ordnungszahl — 14,007 — Atommasse in u
$_7$N — Symbol
Name — Stickstoff

Die Atommassen in eckigen Klammern beziehen sich auf das längstlebige gegenwärtig bekannte Isotop des betreffenden Elements.

● Elemente der Lanthanreihe (Lanthanoide)

| 6 | 140,12 $_{58}$Ce Cer | 140,91 $_{59}$Pr Praseodym | 144,24 $_{60}$Nd Neodym | [145] $_{61}$Pm\* Promethium | 150,36 $_{62}$Sm Samarium |

●● Elemente der Actiniumreihe (Actinoide)

| 7 | 232,04 $_{90}$Th\* Thorium | 231,04 $_{91}$Pa\* Protactinium | 238,03 $_{92}$U\* Uran | [237] $_{93}$Np\* Neptunium | [244] $_{94}$Pu\* Plutonium |

CHEMIE

# MODELLE VOM AUFBAU DER KÖRPER

| | | | -gruppen | | | | |
|---|---|---|---|---|---|---|---|
| | | III | IV | V | VI | VII | VIII |
| | | | | | | | 4,003 $_2$He Helium |
| | | 10,81 $_5$B Bor | 12,01 $_6$C Kohlenstoff | 14,007 $_7$N Stickstoff | 15,999 $_8$O Sauerstoff | 18,998 $_9$F Fluor | 20,18 $_{10}$Ne Neon |

| -gruppen | | | | | | | | | | |
|---|---|---|---|---|---|---|---|---|---|---|
| VIII | I | II | | | | | | | | |
| 58,69 $_{28}$Ni Nickel | 63,55 $_{29}$Cu Kupfer | 65,39 $_{30}$Zn Zink | 69,72 $_{31}$Ga Gallium | 72,61 $_{32}$Ge Germanium | 74,92 $_{33}$As Arsen | 78,96 $_{34}$Se Selen | 79,90 $_{35}$Br Brom | 83,80 $_{36}$Kr Krypton |
| 106,42 $_{46}$Pd Palladium | 107,87 $_{47}$Ag Silber | 112,41 $_{48}$Cd Cadmium | 114,82 $_{49}$In Indium | 118,71 $_{50}$Sn Zinn | 121,76 $_{51}$Sb Antimon | 127,60 $_{52}$Te Tellur | 126,90 $_{53}$I Iod | 131,29 $_{54}$Xe Xenon |
| 195,08 $_{78}$Pt Platin | 196,97 $_{79}$Au Gold | 200,59 $_{80}$Hg Quecksilber | 204,38 $_{81}$Tl Thallium | 207,2 $_{82}$Pb Blei | 208,98 $_{83}$Bi Bismut | [209] $_{84}$Po Polonium | [210] $_{85}$At* Astat | [222] $_{86}$Rn* Radon |
| [271] $_{110}$Ds* Darmstadtium | [272] $_{111}$Rg* Roentgenium | [277] $_{112}$Cn* Copernicium | [284] $_{113}$Uut* Ununtrium | [289] $_{114}$Fl* Flerovium | [288] $_{115}$Uup* Ununpentium | [292] $_{116}$Lv* Livermorium | [210] $_{117}$Uus* Ununseptium | [294] $_{118}$Uuo* Ununoctium |

| 151,97 $_{63}$Eu Europium | 157,25 $_{64}$Gd Gadolinium | 158,93 $_{65}$Tb Terbium | 162,50 $_{66}$Dy Dysprosium | 164,93 $_{67}$Ho Holmium | 167,26 $_{68}$Er Erbium | 168,93 $_{69}$Tm Thulium | 173,04 $_{70}$Yb Ytterbium | 174,97 $_{71}$Lu Lutetium |
|---|---|---|---|---|---|---|---|---|
| [243] $_{95}$Am* Americium | [247] $_{96}$Cm* Curium | [247] $_{97}$Bk* Berkelium | [251] $_{98}$Cf* Californium | [252] $_{99}$Es* Einsteinium | [257] $_{100}$Fm* Fermium | [258] $_{101}$Md* Mendelevium | [259] $_{102}$No* Nobelium | [262] $_{103}$Lr* Lawrencium |

**K**

CHEMIE

# Mathematik

**A**
Abbildungen  61 ff.
absolute Häufigkeit  67
Achsenabschnitt  20
Achsenspiegelung  61
Addition  7 f.
Additionstheoreme  33
Affinitätsachse  66
Affinitätsfaktor  66
Ähnlichkeitssätze  43
Ankathete  35
Arithmetisches Mittel  69
Assoziativgesetz  7
Asymptote  25 ff.
Auflösen von Klammern  10
Ausklammern  10
Ausmultiplizieren  10
Außenwinkelsatz  40

**B**
Basis  11, 13
Baumdiagramm  70
Betrag  4
Betrag eines Vektors  58
Binomische Formeln  11
Bogen  51
Bogenmaß  28
Brüche  8
Büschelpunkt  22

**C**
Cavalieri; Satz von -  51
$\cos \varphi$  31 ff.

**D**
Definitionsmenge  16, 22 ff.
Dekadischer Logarithmus  13
Determinante  4

Dezimalsystem  9
Differenz  7
Differenzmenge  6
Direkte Proportionalität  17
Diskriminante  15
Distributivgesetz  7
Dividend  7
Division  7 f.
Divisor  7
Drachenviereck  47 f.
Drehung  62
Drehwinkel  62
Drehzentrum  62
Dreiecksungleichung  40
Durchschnitt  69

**E**
Echte Teilmenge  6
Elementarereignis  67
Ereignis  67
Ergebnis  67
Ergebnisraum  67
Erweitern  8
Exponent  11
Exponentialfunktion  27

**F**
Faktor  7
Fakultät  70
Fallende Gerade  20
Fixgerade  61
Fixpunktgerade  61
Fläche  71
Flächeninhalt
    von Dreiecken  41
Flächeninhalt
    von Kreisen  51
Funktion  16, 22 ff.

# STICHWORTVERZEICHNIS

## G
Ganze Zahlen 4
Gegenereignis 67 f.
Gegenkathete 35
Gegenvektor 59
Geradenbüschel 22
Geradengleichung 21
Gerades Prisma 53
ggT 10
Gleichschenkliges
   Dreieck 45
Gleichschenkliges
   Trapez 47 f.
Gleichseitiges
   Dreieck 45
Gleichung 15
Gleichungssystem 14
Größen 71
Größter gemeinsamer
   Teiler 10
Grundfläche 53 ff.
Grundmenge 16
Grundrechenarten 7
Grundwert 17

## H
Halbgerade 5
Höhensatz 46
Hyperbel 25
Hyperbelast 19
Hypotenuse 35, 45

## I
Indirekte
   Proportionalität 19
Inkreis (Dreieck) 42
Inkreis (Viereck) 50
Innenwinkelsatz 40
Intervall 4

## J
Jahreszinsen 18

## K
Kapital 18
Kartesische
   Koordinaten 34
Kathete 45
Kathetensatz 46
Kegel 56
Kehrwert 8
kgV 10
Kleinstes gemeinsames
   Vielfaches 10
Kombination 70
Kombinatorik 70
Kommutativgesetz 7
Komplementbeziehung 32
Kongruenzsätze 43
Konkav 47
Konvex 47
Kosinus 31
Kosinusfunktion 29
Kosinussatz 35
Kreis 37, 51
Kreisfläche 51
Kreiskegel 56
Kreisteile 51
Kreisumfang 51
Kreiszylinder 55
Kugel 56
Kürzen 8

## L
Lagebeziehungen im
   Raum 52
Länge 71
Länge einer Strecke 58
Laplace-
   Wahrscheinlichkeit 68
Lineare Funktion 20
Lineares
   Gleichungssystem 14
Logarithmus 13
Logarithmusfunktion 27

# STICHWORTVERZEICHNIS

**M**
Mantelfläche 53 ff.
Masse 71
Matrix 61
Median 69
Mehrstufiger Zufallsversuch 70
Mengen 6
Minuend 7
Mittelparallele 38
Mittelpunkt einer Strecke 36
Mittelpunktswinkel 28, 51
Mittelsenkrechte 38, 42, 50
Mittelwert 69
Mittlere Abweichung 69
Mittlere quadratische Abweichung 69
Modalwert 69
Monatliche Zinsen 18
Multiplikation 7 f.
Multiplikation von Summen 11

**N**
Natürlichen Zahlen 4
Nebenwinkel 36
Negative Zahlen 7
Normalform der quadratischen
  Gleichung 15
Normalparabel 23

**O**
Oberfläche 53 ff.
Oktaeder 54
Orthogonale Affinität 66
Orthogonale Geraden 21
Orthogonale Vektoren 60
Ortslinie 37

**P**
Parabel 22 f.
Parallele Geraden 20
Parallelenpaar 38
Parallelenschar 22
Parallelogramm 47 f.

Parallelverschiebung 64
Permutation 70
Pfad 70
Pfadregel 70
Polarkoordinaten 34
Potenz 11 f.
Potenzfunktion 24 f.
Prisma 53
Produkt 7
Produktgleich 19
Produktmenge 6, 16
Produktregel 70
Proportionalitätsfaktor 17
Prozentrechnung 17
Prozentsatz 17
Prozentwert 17
Punktspiegelung 63
Punktsteigungsform 20
Pyramide 54
Pythagoras;
  Satz des - 35, 46

**Q**
Quader 53
Quadrat 47, 50
Quadratische Funktion 22 f.
Quadratische Gleichung 15
Quadratwurzel 12
Quersumme 10
Quotient 7
Quotientengleich 17

**R**
Radikand 12
Randwinkelsatz 39
Rationale Zahlen 4
Raumdiagonale 53 f.
Raute 47, 49
Rechteck 47, 49
Rechtwinkliges
  Dreieck 35, 45
Reelle Zahlen 5

# STICHWORTVERZEICHNIS

Relation 16
Relative Häufigkeit 67, 68
Runden 9

## S

Scheitel 23
Scheitelform 23
Scheitelwinkel 36
Schnittmenge 6
Schwankungsbreite 69
Schwerpunkt 42
Segment 51
Sehne 51
Sehnenviereck 50
Seitenhalbierende 42
Seiten-Winkel-Beziehung 40
Sektor 51
Senkrechte Geraden 21
Senkrechte Vektoren 60
Sicheres Ereignis 67 f.
$\sin \varphi$ 31 ff.
Sinus 31
Sinusfunktion 29
Sinussatz 35
Skalarprodukt 58
S-Multiplikation 58
Spannweite 69
Spiegelachse 61
Spiegelzentrum 63
sss 43
sSw 43
Standardabweichung 69
Steigende Gerade 20
Steigung 20
Stellenwert 9
Streckungsfaktor 65
Sreckungszentrum 65
Stufenwinkel 37
Subtrahend 7
Subtraktion 7 f.
Summand 7
Summe 7

Summenregel 70
Supplementbeziehung 32
sws 43

## T

Tageszinsen 18
$\tan \varphi$ 31 ff.
Tangens 31
Tangensfunktion 30
Tangentenviereck 50
Teilbarkeit 10
Teilmenge 6
Tetraeder 55
Thaleskreis 39
Trapez 48
Trigonometrische
    Funktion 28 ff.

## U

Umfang von Kreisen 51
Umkehrrelation 16
Umkreis (Dreieck) 42
Umkreis (Viereck) 50
Unmögliches Ereignis 67 f.
Ursprungshalbgerade 17

## V

Varianz 69
Vektor 57 ff.
Vereinigungsmenge 6
Verschiebungsvektor 64
Viereck 47
Vierstreckensatz 44
Vieta; Satz von - 15
Volumen 53 ff., 71

## W

Wachstumsfaktor 18
Wahrscheinlichkeit 68
Wechselwinkel 37
Wertemenge 16
Windschief 52

# STICHWORTVERZEICHNIS

Winkelhalbierende 42, 50
Winkelhalbierendenpaar 39
wsw/wws 43
Würfel 54
Wurzel 12
Wurzelexponent 12

**Z**
Zeit 71
Zentralwert 69
Zentrische Streckung 58, 65

Zinsen 18
Zinseszinsen 18
Zinsrechnung 18
Zinssatz 18
Zueinander senkrechte Geraden 21
Zueinander senkrechte Vektoren 60
Zufallsversuch 70
Zylinder 55

## Physik/Chemie

**A**
Abbildung, optische 77
Abgeleitete Größe 72
Aktivität 75
Allgemeine Gasgleichung 83
Äquivalentdosis 75
Arbeit 74
Atommodell 96
Auftrieb 81
Ausdehnungsarbeit 87

**B**
Basiseinheit 71
Bewertungsfaktor 92
Bewegungen 80
  – gleichförmige 80
  – beschleunigte 80
Bildweite 77
Boyle-Mariotte, Gesetz von 82, 83
Brechkraft 74

Brechungsgesetz 76
Bremsweg 80
Brennpunkt 77
Brennweite 77

**C**
Chemische Elemente 100

**D**
Dichte 72, 88, 100
Dioptrie 74
Drehmoment 73
Druck 72

**E**
Ebene, schiefe 78
Einfallswinkel 76
Elektronen 96 f.
Elektrizität 84 f.
Elektronegativität 100

# STICHWORTVERZEICHNIS

Elementarteilchen 96
Elemente 99 ff.
Energie 74, 86
 – elektrische 87
 – kinetische 86
 – mechanische 86
 – potenzielle 86
 – Speicherform 86
 – thermische 82, 86
 – Übertragungsform 86, 87
 – Umrechnungen 93
Energieaustausch 82
Energiedosis 75
Energiestrom 75
Erster Hauptsatz der Energie 87

**F**
Fall, freier 80
Fläche 72
Flaschenzug 78
Frequenz 73

**G**
Gasgesetze 83
Gasgleichung, allgemeine 83
Gay-Lussac, Gesetz von 83
Geschwindigkeit 73
Gewichtskraft 71, 78
Grenzwinkel 76
Grundgröße 71

**H**
Halbwertszeiten 99
Hebel 78
Heizwerte 93
Hydraulisches Prinzip 81

**I**
Innenwiderstand 85
Ionen 97
Isobare
 Zustandsänderung 83

Isotherme
 Zustandsänderung 83
Isotope 97

**K**
Kern-Hülle-Modell 96
Kraft 71, 78
Kräfteparallelogramm 79
Kraftwandler 78

**L**
Ladung, elektrische 71
Länge 71
Längenänderung,
 thermische 83
Längenausdehnungskoeffizient 91
Leistung 75
Leitwert, elektrischer 74

**M**
Masse 71
Massenzahl 97
Messbereichserweiterung 85

**N**
Neutronen 96, 97
Nukleonen 96
Nuklidschreibweise 97

**O**
Ohm, Gesetz von 84
Optik 76
Ordnungszahl 97
Ortsfaktor 72, 89

**P**
Periodensystem
 der Elemente 104
Physikalische Größe 71
 – Grundgrößen 71
 – abgeleitete Größen 72
Protonen 96, 97

# STICHWORTVERZEICHNIS

**R**
Reflexionsgesetz 76
Reflexionswinkel 76
Reibung 79
Reibungszahlen 89
Rollen 78

**S**
Schallpegel 73, 89
Schaltzeichen, elektrische 94
Schmelztemperatur 90, 100
Schmelzwärme, spezifische 90
Schweben 81
Schweredruck 81
Schwimmen 81
Siedetemperatur 90, 100
Sinken 81
Spannung, elektrische 74
Spannungsmesser 85
Spezifischer elektrischer
   Widerstand 92
Sprungtemperatur 92
Steigen 81
Strommesser 85
Stromstärke, elektrische 74

**T**
Teilchenmodell 96
Temperatur 71
Totalreflexion 76

**U**
Umwandlungswärme 86

**V**
Verdampfungswärme, spezifische 90
Volumen 72
Volumenänderung, thermische 83

**W**
Wärmekapazität, spezifische 73, 91
Weg 71
Weg-Zeit-Gesetz 80
Widerstand
  – elektrischer 74, 84
  – spezifischer 92
  – Reihenschaltung 84
  – Parallelschaltung 84

**Z**
Zeit 71
Zerfallsart 99
Zerfallsgesetz 87
Zerfallsreihen 98